卡耐基写给女人的一生幸福忠告

[美]戴尔·卡耐基 著
达夫 编译

中国华侨出版社
·北京·

前言

作为伟大的成人教育家和人际关系大师，戴尔·卡耐基创立了一套系统完整，操作起来既简便易行又能迅速成功的成人教育方法。这些方法都是他运用心理学的知识，对人类共同的心理特点进行探索和分析创造并发展起来的。他创立的成人教育机构遍布世界各地，有2000所之多，曾经帮助千百万人建立了更有活力、更高品质的生活方式。

在长期的工作实践中，卡耐基晤谈过许许多多的女性，其中既有普通百姓，更有娱乐界明星、商界名流等。通过对她们人生愿望、生活中的烦恼，以及女性生理心理的深入研究，卡耐基对女人如何获得幸福有了睿智的见解和精辟的人生感悟。他以充满感情的笔触娓娓道来，曾使无数的女人走出迷茫、走向幸福。因此，他写给女人的忠告常常是友人馈赠和夫妻捧读的心灵圣经。

卡耐基指出，女人获得成功和幸福的要点在于自尊、自重、勇气和信心，在处理家庭、事业问题中注意克服人性的弱点，发挥人性的优点，充分发挥女性的潜在智能，从而获得人生的快乐。

在本书中，戴尔·卡耐基以超人的智慧总结了女性为人处世应当具备的基本技巧；以严谨的思维分析了女性打造个人魅力、活得快乐的秘密所在；以精彩的讲解告诉女性如何理解并俘获自己钟情的男人；以广博的爱心指导万千女性尽快成熟和永久留住幸福，从而帮助女性去改变生活，开创崭新的人生。

　　世界上所有的女人都一样，无不祈祷着自己的婚姻幸福、家庭美满，期望着自己的丈夫获得事业的成功。但是，在现实生活中，女性的接触面相对狭小，社会对女性的人生幸福方面的研究极为薄弱，对女性如何获得幸福的教育更是少之又少。在这种背景下，女性虽然有获得幸福的强烈渴望，但因为方法失当，技巧不够，往往抓不住自己的爱人，更难以把握自己的命运、获得人生的圆满。

　　在这里，戴尔·卡耐基对相关问题，既做了精辟的理论分析，又提出了许许多多具体的行为准则和做事指导。他的思想和洞见是深刻的，同时也是实用的，无论是对未婚的青年女子还是已婚的女性都具有指导意义。任何女人，只要灵活、明智地运用这些方法，她就可以越过许多通往幸福的障碍，最终拥有一个幸福、快乐、如意的人生。

目录

第一章 女人处世的九大基本技巧

戒除批评、责怪和抱怨 /001　真诚地赞赏、喜欢他人 /006

不要争论不休 /012　发自真心地请别人帮忙 /018　承认错误一点儿都不丢人 /023　宽容别人是对自己的解救 /029　建议永远比命令更有"威力" /035

别忘了，保全别人的面子很重要 /041　千万不能心存报复 /047

第二章 平安快乐的要诀

选好自己的伴侣 /052　做自己喜欢的事 /058

拥有点闲暇时间 /063　不要苛求别人的感恩 /068

生活不能太单调 /074　不要把别人的批评太放在心上 /079

第三章 做魅力女人

好性格使你幸运 /085　做自己情绪的主人 /091

"糊涂"女人最可爱 /096　给别人说自己得意事情的机会 /101

善解人意，体贴他人 /107　做一个"柔道"高手 /113

第四章 让中意的男人喜欢你

为悦己者容 /119　挑战成功男人的爱情 /125　多谈论他感兴趣的话题 /131
认可他，崇拜他 /136　让他获得从未有过的关爱 /142

第五章 不伤感情地改变他

最笨的女人才强迫对方 /148　先赞扬，再批评，但赞扬要不留痕迹 /153
切忌直截了当地指出他的错误 /159　鼓励更容易使人改正错误 /165
以提问的方式来代替命令 /170　戏剧性地表达自己的意图 /176

第六章 做他事业上的好帮手

帮丈夫确定目标 /181　做他的忠诚信徒 /187
帮助他受到欢迎 /192　他要是调职，就和他一起去 /198
他要经常加班加点 /204　嫁了个在家工作的人 /209

第七章 让你的家庭生活幸福快乐

珍惜丈夫的身体 /216　让他有自己的爱好 /222
女人的爱好，男人的"运气" /227　喋喋不休是幸福婚姻的禁忌 /232
别做婚姻的文盲 /237　在生活的小细节中体贴他 /242
创造浪漫温馨的家庭氛围 /246

第一章
女人处世的九大基本技巧

处世让一步为高,退步即进步的资本;待人宽一分是福,利人是利己的根基。

——〔中〕洪自诚

戒除批评、责怪和抱怨

在《人性的弱点》一书的开篇,曾给大家讲过"双枪杀手"克劳雷的故事。我不想再说故事的始末,只想重申一下那个双枪恶徒的话:"在我外衣里面隐藏的是一颗疲惫的心,但这是一颗善良的心,一颗不会伤害别人的心。可是我却来到了新新监狱(注:美国关押重罪犯人的监狱)受刑室,这就是我自卫的结果。"

克劳雷真的是为了自卫才杀人吗?就在警察拘捕克劳雷之前,

他和女友开车在长岛一乡村公路上寻欢。有个警员走上前去，向克劳雷说道："把你的驾驶执照给我看看。"克劳雷不发一语，掏出手枪就是一阵狂射。警员中弹倒地，克劳雷跳下车，从警员身上找出左轮枪，又向倒地不起的尸体开了一枪。

"双枪杀手"克劳雷根本不觉得自己有什么错。

和克劳雷一样的罪恶之人基本上都不知道自责。在芝加哥被处决的美国鼎鼎有名的黑社会头子阿尔·卡庞说："我把一生当中最好的岁月用来为别人带来快乐，让大家有个好时光。我是在造福人民，可社会却误解我，给我辱骂，这就是我变成亡命之徒的原因。"恶名昭彰的"纽约之鼠"达奇·舒兹生前在接受报社记者访问时，也自认是在造福群众。

举这些例子，只是想向女士们说明一个道理：这些亡命男女都不为自己的行为自责，我们又如何强求日常所见的一般人？这是人的本性，批评、责怪、抱怨在别人的身上是一点儿都不会发生正面作用的，因为大多数人都能为自己的动机提出理由，不管有理无理，总要为自己的行为辩解一番，也就是说他们认为自己根本不应该被批评、责怪或抱怨。

从心理学角度看，每一个人都害怕受到别人的指责，包括女人，也包括男人，男人更害怕来自于女人的指责。所以，作为女人，还是戒掉批评、责怪或抱怨为好。

刚才我说了，批评、责怪、抱怨在别人的身上是一点儿都不会发生正面作用的，相反，副作用却让人感到可怕。我的心理学家朋友曾对我说："因批评而引起的羞愤，常常使雇员、亲人和朋友的情绪大为低落，并且对应该矫正的事实状况，一点儿也没有好处。"

我的邻居约翰有一个幸福的家庭，三个漂亮的女儿，一个贤惠的妻子。有年夏天，三姐妹驾车去郊外旅游。在市区内，由两个姐姐驾车，到了人烟稀少的郊外，两个姐姐就让妹妹练练车技。

最小的妹妹开着车，兴奋得不知如何是好，有说有笑的。突然，汽车像脱缰的野马一样向前奔去，在快到十字路口处，与一辆从侧面驶过来的大拖车相撞，大姐当场死亡，二姐头部受伤，小妹腿骨骨折。原来，小妹想在红灯亮起之前通过，才加大了油门。

约翰夫妇接到电话后，立刻赶到了医院。他们紧紧地拥抱着幸存的两个女儿，一家人热泪纵横。父母擦干两个女儿脸上的泪，开始谈笑，像是什么事也没有发生过一样，始终温言慈语。

好几年过去了，肇事的小女儿问父母，当时为什么没有教训她，而事实上，姐姐正是死于她闯红灯造成的车祸。约翰夫妇只是淡淡地说："你姐姐已经离开了，不论我们再说什么或做什么，都不能让她起死回生，而你还有漫长的人生。如果我们责难你，你就会背负着'造成姐姐死亡'的沉重的心理包袱，进而丧失一个完整、健康和美好的未来。"

如果当年约翰夫妇对小女儿加以指责的话，后果恐怕比他们想象的还要恶劣。

女士们都会有这样的经历，当你指责你的男友时，得到的基本上就是沉默。除了沉默，还会有反唇相讥、振振有词。这意味着什么？是对指责的对抗，尽管他们深爱你，尽管的确是他的错。

人就是这样，做错事的时候不会主动去责怪自己，而只会怨天尤人，我们也都如此。所以，明天你若是想责怪某人，请记住阿尔·卡庞、"双枪杀手"克劳雷和约翰夫妇等人的例子，别让批评像家鸽一样飞回到自己家里。也让我们认清：我们想指责或纠正的对象，他们会为自己辩解，甚至反过来攻击我们，或者他们会说："我不知道所做的一切有什么不对。"

我可以骄傲地说，林肯是美国历史上最善于处理人际关系的总统。不只我这么认为，当林肯咽下最后一口气时，陆军部长史丹顿说道："这里躺着的是人类有史以来最完美的统治者。"我也是受陆军部长史丹顿的提醒才对林肯的处世之道进行研究的，10年后我系统、深入、透彻地了解了林肯的一生，包括林肯的性格、居家生活和他待人处世的方法，于是，我又用了3年时间写成了《林肯的另一面》。

林肯开始并不完美，年轻时他喜欢批评人，他常把写好的讽刺别人的信丢在乡间路上，好让当事人发现。做见习律师时，喜欢在报上公开抨击反对者，虽然只是偶尔。有些行为导致的后果，他刻骨铭心，永生难忘。

1842年秋天，他又写文章讽刺自视甚高的政客詹姆士·席尔斯。他在《春田日报》上发表了一封匿名信嘲弄席尔斯，全镇哄然引为笑料。自负而敏感的席尔斯当然愤怒不已，终于查出写信的人。他跃马追踪林肯，下战书要求决斗，林肯本不喜欢决斗，但迫于情势和为了维护荣誉，只好接受挑战。他有选择武器的权利，由于手臂长，他选择了骑兵的腰刀，并且向一位西点军校毕业生学习剑术。到了约定日期，林肯和席尔斯在密西西比河岸碰面，准备一决生死。幸好在最后一刻有人阻止他们，才终止了决斗。

这是林肯终生最惊心动魄的一桩事，也让他懂得了如何与人相处的艺术。从此以后，他不再写信骂人，也不再任意嘲弄人了。也正是从那时起，他不再为任何事指责任何人，包括南方人，当自己的夫人极力谴责南方人时，林肯说："不用责怪他们，同样的情况换上我们，大概也会如此而为。"他最喜欢的一句名言是："你不论断他人，他人就不会论断你。"惨痛的经验告诉他：尖锐的批评和攻击，所得的效果都等于零。

我年轻时，总喜欢给别人留下深刻印象。我在帮一家杂志撰文介绍作家时，美国文坛出现了一颗新星，名叫理查德·哈丁·戴维斯，这是一个颇引人注目的人物。于是，我便写信给戴维斯，请他谈谈他的工作方式。在这之前，我收到一个人寄来的信，信后附注："此信乃口授，并未过目。"这话留给我极深的印象，显示此人忙碌又具重要性。于是，我在给戴维斯的信后也加了这么一个附注："此信乃口授，并未过目。"实际上，我当时一点儿也不忙，只是想给戴维斯留下较深刻的印象。

戴维斯根本就没给我写信，而是把我寄给他的信退回来，并在信后潦草地写了一行字："你恶劣的风格，只有更添原本恶劣的风格。"的确，我是弄巧成拙了，受这样的指责并没有错。但是，身为一个人，我觉得很恼羞成怒，甚至10年后我获悉戴维斯过世的消息时，第一个念头仍然是——我实在羞于承认我受到的伤害。

这件事给我的教训很深，每当我想指责他人的时候，就拿出一张5美元钞票，望着上面的林肯像自问："如果林肯碰到这个问题，会如何解决？"

在现代文明社会，指责别人的女人或许永远不会遇到林肯遭遇过的尴尬，但是因指责而生的怨恨却是不容易化解的，因为我们所相处的对象，并不是绝对理性的动物，而是具有情绪变化、成见、自负和虚荣等弱点的人类。

所以我要说，假如你想招致一场令人至死难忘的怨恨，只要发表一点儿刻薄的批评就可以了。也就是说，只有不够聪明的人才批评、指责和抱怨别人。的确，很多愚蠢的人都这么做。

但是，要做到"不说别人的坏话，只说人家的好处"，善解人意和宽恕他人，是需要有修养自制的功夫的。

请女士们记住，待人处世的第一大原则就是不要批评、责怪或抱怨他人。

真诚地赞赏、喜欢他人

我不知道阅读这本书的女士们是否会和我有一样的想法，但在开始这个话题之前，我想先问你们一个问题："你认为世界上促使人去做任何事的最有效的方法是什么？"我相信你们会给出各种各样的答案，但我想说的是，真正可以让别人做事的唯一办法就是，赐给他们想要的东西。疑问又来了，一个人到底最想要什么呢？

小时候我住在密苏里州乡间，那段时光是非常快乐的。我记得，父亲曾经养过一头血统优良的白牛和几只品种优良的红色大猪。当时，让我最兴奋的事情就是跟随父亲带着猪和牛一起去参加美国中西部一带的家畜展览。很幸运，我们的那头白牛和那几只红色大猪获得了特等奖，并为父亲赢来了特等奖蓝带。

我记得很清楚，当时父亲是非常高兴的。他把那枚蓝带别在了一块白色软洋布上，而且只要有人来家中做客，他总要拿出来炫耀一番。

其实，那些真正的冠军——牛和猪并不在乎那枚蓝带，倒是我的父亲对它十分珍惜，因为这枚蓝带给他带来了荣耀和别人的称赞声，也使他有了"深具重要性"的感受。

事实上，这种"希望具有重要性"就是促使别人做事的唯一方法，也是我们说的人最想要的东西。不过，这个专业的名词并不是我提出来的，而是美国学识最渊博的哲学家之一——约翰·杜威提出来的。他认为，人类（包括男人也包括女人），在他们的本质里最深远的驱动力就是"希望具有重要性"。

有人说"食欲、性欲、求生欲"是人类的三大本能，其实人们对这种"希望具有重要性"的迫切热望绝对不亚于对前三者的需要。林肯曾经提到"人人都喜欢受人称赞"，威廉·詹姆士也曾经说过："人类本质里最殷切的需求就是渴望被人肯定。"应该说，就是在这种"希望具有重要性"的促使下，我们的祖先一点点地创造出了今天的一切文明，否则我们恐怕就和禽兽没什么两样了。

每个人，当然包括男人和女人，都希望自己受到别人的重视。尤其是男人，他们更希望能够引起女性的重视，更希望从女性那里获得满足这种"希望具有重要性"的感受。作为一名女性，如果你想与别人相处得十分融洽，如果你想成为一个受欢迎的人，那么你首先要做的就是满足他们这种"希望具有重要性"的心理，而你最好的选择就是真诚地赞赏他们。

还有一点我必须要告诉各位女士，那就是你能否真诚地去赞赏那些男士们直接关系到你是否能找到一个称心如意的伴侣或是拥有一个美满幸福的家庭。所以我要告诫各位女士，当你和你的男友或是丈夫相处时，如果你想让你们彼此都拥有幸福的美好感觉，那么你最应该做的就是去真诚地赞赏他们。不过，你能够真诚地去赞美他们的前提则是必须真心地喜欢他们。

我并不是在这里危言耸听，因为在历史上像这样的例子数不胜数。乔治·华盛顿，美国第一任总统，他最高兴的就是有人当面称呼他为"美国总统阁下"；哥伦布，这个发现美洲的航海家，他曾经要求女王赐予他"舰队总司令"的头衔；雨果，伟大的作家，他最热衷的莫过于希望有朝一日巴黎市能改名为雨果市；就连最著名的英国剧作家莎士比亚也总是想尽办法给自己的家族谋得一枚能够象征荣誉的徽章。

这里，我之所以列举了这些成功男士的例子，无非是想告诉各位亲爱的女士们，一个成功的男人虽然已经获得了很多很多的东西，但他们永远不会对那美妙的赞美声产生厌倦。因此，如果你想成为男人眼中最善解人意、最迷人、最美丽的女性，那么你最好的选择就是去真诚地赞赏他。

当然，女性在生活中接触更多的可能还是同性朋友。我可以告诉各位女士们，女人对这种赞美声的渴望绝不亚于男人，而且可能还更甚。

我的一个朋友的妻子参加了一种自我训练与提高的课程。回到家后，她急切地对丈夫说："亲爱的，我想让你给我提出6项事项，而这6项事项能够让我变得更加理想。"

"天啊！这个要求简直让我太吃惊了。"他的先生，也就是我的朋友这样说："坦白说，如果想让我列举出所谓的能让她变得理想的事情，这简直再简单不过了，可是天知道，我的太太很有可能会紧接着给我列出成百上千个希望我变得更好的事项。我没有按照她说的那样做，当时我只是对她说：'还是让我想想吧，明天早上我会给你答案的。'

"第二天我起了个大早，给花店打电话，要他们给我送来6朵火红的玫瑰花。我在每一朵玫瑰花上都附上了一张纸条，上面写着：'我真的想不出有哪6件事应该提出来，我最喜欢的就是你现在的样子。'你肯定会猜到了事情的结果，就在我傍晚回家的时候，我太太几乎是含着热泪在家门口等我回家。我觉得不需要再解释了，我真庆幸自己当初没有照她的要求趁机批评她一顿。事后，她把这件事告诉给了所有听课的女士们，很多女士都走过来对我说：'不能否认，这是我所听到过的最善解人意的话了。'从那一刻起，我认识到了喜欢和赞赏他人的力量。"

如果当初我的这位朋友选择了给妻子提出那6件事，而并不是由衷地赞赏她的话，等待他的恐怕就是妻子那成百上千件的不满之事以及那无休止的争吵。

女人就是这样，她们总是希望能够得到他人的赞赏，得到别人的重视，尽管她们做得并不够好。相信各位女士经常会在心里佩服其他的女性，却很少把这种心情表达出来。"挑剔"似乎是上帝赐予女人的特权，因此女人对她身边的人总是很不满意。她们认为，身边的人做得还远远不够，至少还没有做到能够让她赞赏的那个地步。

我不知道你是不是会真诚地赞赏和喜欢他人，但我知道成功人士大都会这样做，至少查理·夏布和安德鲁·卡耐基是这样做的。

1921年，安德鲁·卡耐基提名年仅38岁的查理·夏布为新成立的"美国钢铁公司"第一任总裁，使得夏布成为全美少数年收入超过百万美元的商人。

有人会问，为什么卡耐基愿意每年花100万美元聘请夏布先生？难道他真的是钢铁界的奇才？事实上，夏布先生曾经亲口对我说，其实在他手下工作的很多人对于钢铁制造要比他懂得多得多。接着，夏布先生又很得意地告诉我，他之所以能够取得这样的成绩，主要是因为他非常善于处理和管理人事。我是个爱刨根问底的人，马上追问他是如何做到这一点的。他告诉了我很多，但给我印象最深的就是下面两句话：

赞赏和鼓励是促使人将自身能力发挥到极限的最好办法。

如果说我喜欢什么，那就是真诚、慷慨地赞美他人。

这两句话是夏布成功的秘诀，而事实上，他的老板安德鲁·卡耐基也是凭借这一秘诀获得成功的。夏布曾经对我说，卡耐基先生十分懂得在什么时候称赞别人。他经常在公共场合对别人大加赞扬，当然在私底下也是如此。

应该说，真诚地赞赏和喜欢他人，是女士处理人际关系最好的润滑剂。也许我应该更直接一点儿告诉各位女士，你们为什么要做到这一点。

我希望女士永远不要忘记，在人际交往的过程中，我们接触的是人，是那些渴望被人赞赏的人。应该说，赐给他人欢乐，是人类最合情也是最合理的美德。因为伤害别人既不能改变他们，也不能使他们得到鼓舞。

在美国，因精神疾病导致的伤害要比其他疾病的总和还要多。按照我们的推测，精神异常往往是由各种疾病或外在创伤引起的。但是，有一个令人震惊的事实是，实际上有一半精神异常的人，其脑部器官是完全正常的。

我曾经向一家著名精神病院的主治医师请教过这一问题，他在精神研究领域是相当有名的。可是，他给我的答案却是他并不知道为什么人的精神会变得这样异常。不过，这位医师也向我指出，很多时候人之所以会精神失常，是因为他们在现实生活中得不到"被肯定"的感觉，因此他们要去另外一个世界寻找这种感觉。

为了让我更加明白他的说法，他给我讲了一个例子：

他有一个女病人，是那种生活比较悲惨的人，她的婚姻非常不幸。她一直渴望着被爱，渴望得到性的满足，渴望拥有一个孩子，渴望能够获得较高的社会地位。然而，现实摧毁了她所有的希望。她的丈夫不爱她，从来没有对她说过一句赞美的话，甚至于都不愿意和她一起用餐。这个可怜的女人没有爱、没有孩子、更没有社会地位，最后她疯了。

不过，在另一个世界里，她和贵族结婚了，而且每天都会生下一个可爱的小宝宝。说到这儿的时候，那位医师告诉我："坦白地说，即使我能够治好她的病，我也并不会去做，因为现在的她，比以前快乐多了。"

这是一出悲剧？我不知道。但我至少知道，如果当初她的丈夫能够喜欢和赞赏她的话，如果当初她身边的人能够真诚地赞赏她的话，那么她根本没必要疯。因为能够在现实生活中得到的东西，就没有必要去另一个世界寻找。

为了让我自己能够做到真诚地去赞赏和喜欢别人，我在家里的镜子上贴上了一则古老的格言：

人的生命只有一次，任何能够贡献出来的好的东西和善的行为，我们都应现在就去做，因为生命只有一次。

实际上，我每天都要去看它几回，目的是让我永远地把它记住。我相信，你和我没有什么不一样，男人和女人也没有什么不一样。因此，女士们，请你们一定要记住，待人处世最重要的一点就是发自内心地、由衷地、真诚地赞赏和喜欢他人。

不要争论不休

我是一个喜欢用亲身经历来说明道理的人，因为我对自己经历过的事体会更加深刻。实际上，人总会犯这样那样的错误，我也不例外。在以前，那时候我已经是个成年人了，我曾经犯下过很愚蠢的错误。

那是第二次世界大战结束后不久的一个晚上，就在那个晚上，我在伦敦得到了一个让我终生难忘的教训，直到现在我还会时时想起它。

当时，我是赫赫有名的史密斯爵士的私人助理。对，就是那位在战后不久用30天时间环游全球而轰动世界的史密斯爵士。那天晚上，我参加了一个专门为他准备的欢迎宴会。宴会开始后，坐在我旁边的一个人给我们讲了一个很有趣的故事。那个人在讲的过程中，提到了这样一句话："人类可以变得无比的粗俗，但那位神始终都是我们的目的。"也许是为了卖弄，也许是为了增强说服力，总之他非常自信地对我们说："这句话出自《圣经》。"

老天，怎么有人能犯下这么愚蠢的错误呢？谁都知道，那句话和《圣经》一点儿关系都没有。他错了，确确实实是错了，这一点我是知道的，而且也是绝对肯定的。为了使我显得比他聪明，为了使我看起来比他知识渊博，我授权自己作为一个不受欢迎的家伙指出了他的错误。是的，我要告诉他，这句话是出自威廉·莎士比亚的著作，而并不是他所谓的《圣经》。那个人太固执了，他坚持认为自己的观点是正确的，甚至还愤怒地说："你说什么？你说这句话出自莎士比亚？简直是天大的笑话，这句话绝对出自《圣经》。为此，我们两个争论得不可开交。"

这个故事到这里已经讲了一半了，不过我决定先把它放一放，因为我要告诉女士们一些事情。相信女士们对我刚才所说的事情并不陌生，因为你们也经常会遇到这样的情景，然后和我一样做出愚蠢的举动。

事实上，争强好胜并不是男人的专利，女人同样也有这样的心理。而且，单从互相攀比的心理来说，女人可能比男人还要多一点儿。从心理学角度说，女性的虚荣心理往往比男性要强，而她们的自尊也往往要强于男性。在这种心理的支配下，很多女士都希望在特定的场合，尤其是在众目睽睽之下，证明别人是错的，自己是对的。不过，所有人，我说的是所有人，包括男人也包括女人，都不希望自己的权威和尊严受到挑战。当你试图要改变他们的想法时，他们会严守自己的阵地，坚决不做出任何退让。这时，那些好胜的女士们也不甘心落后，于是选择了与别人争论，而且一定要争论出个结果来。

好了，我们再回到刚才的那个故事中。当时，我们两个争论了很长时间，谁也不能说服谁。非常幸运的是，当时我的一个老朋友加蒙就坐在讲故事的人的右边，他可是个研究莎士比亚的专家。所以，我们决定找他作为裁判，来证明一下，到底谁是正确的。

让我感到意外的是，加蒙先生偷偷地用脚踢了我一下，然后说："很遗憾，戴尔，这次你真的是错了，这位先生是对的，这句话的确出自《圣经》。"

也许你们无法想象我当时的感受，总之那是一种很让人难受的感觉。在回家的路上，我忍不住问他："加蒙，你是知道的，这句话的确出自莎士比亚。"加蒙点了点头，说："的确，你没有错，但我们只是一个客人，为什么要证明他是错的？为什么不去保住人家的面子？你为什么要与人争论？这难道能使他喜欢你？记住，永远避免正面冲突。"

故事讲完了，加蒙那句"永远避免正面冲突"我永远记在心里，尽管今天他本人已经离我而去。我不知道当各位女士和别人争论不休的时候会不会有一个人在旁边对你说出这样的话，我希望有。但我知道，你的自尊心、虚荣心和优越感使你根本听不进这句话，因为你要通过争论来证明自己。

我不知道各位女士是怎么看待争论不休的，但我认为争论的后果最终只有三个。

争论不休的后果

- 不会有任何结果；
- 只能使对方更加坚定自己的看法；
- 你永远是失败者，因为你什么也得不到。

我说这些话并不是没有根据的，因为我向来就是一个执拗的辩论者。年少的时候，我很热衷于参加各种辩论活动。长大以后，我也非常热衷于研究辩论术，甚至于还曾计划写一本有关辩论的书。不过，在我进行了数千次的辩论以后，我得到了一个结论：避免辩论是获得最大辩论利益的唯一方法。

多年前，我的训练班中来了一位名叫苏菲的爱尔兰人。她是一名载重汽车的推销员，可是她从来没有一次成功地将自己的产品推销出去。我试着和她进行了一次谈话，发现她虽然受教育很少，但却非常喜欢争执。不管在什么情况下，只要她的买主说出一丝贬损她的产品的话，她都会愤怒地与人家进行一场争论。她还告诉我，她认为她教会了那些家伙一些东西，只不过运气不好，她的产品没有卖出去而已。

面对她这种情况，我没有直接去训练她如何说话，而是反过来让她保持沉默，不再与人发生口头冲突。事实证明：我的方法是有效的，因为苏菲如今已经是纽约汽车公司的一名推销明星了。

事实上，每一位女性都是一名推销员，不同的是，苏菲推销的是载重汽车，而女士们推销的则是她们自己。相信，如果女士们想要成功地把自己推销出去，成为受人欢迎的人，那么她们必须要做的就是不去与人争论。然而，很多女士都不能自觉地做到这一点。她们更加热衷于陶醉在那种与人争论的美妙感觉中，因为在争论之中，她们永远都不会失败，不管对方如何地"苦口婆心"，女士们始终会坚持自己的观点。

我也曾经做过努力，努力地去寻找一些争论不休能给人带来的好处。很遗憾，尽管我已经尽力了，但始终没有发现它的一丝正确性。老富兰克林曾经说："如果你辩论、争强、反对，你或许有时获得胜利。不过，这种胜利是十分空洞的，因为你永远得不到对方的好感。"

我十分赞同富兰克林的话，因为他的话也代表了我的观点。我可以明确地告诉各位女士，争论不休对于你来说真的没有一丁点儿的好处。

我不知道我这么说是否能让各位女士明白，你在与人交际的过程中，你在为人处世的过程中，妄图通过争论来改变对方的想法，这种做法是相当愚蠢的。虽然你也许是对的，或是你根本就是绝对正确的，但是你在改变对方的思想这方面，可以说是毫无建树。这一点，和你本身就是错的没什么两样。

我不知道女士们为什么还要去争论，你能从中得到什么。有两个结果摆在你面前，一个是暂时的、口头的胜利；另一个是别人对你永远的好感。不知道女士们会选择哪一个？反正换了是我，我绝对会选择后者，因为这两者你很少能够兼得。

实际上，那些真正成功的人是从来不喜欢争论的。我喜欢举林肯的例子，因为他在为人处世上非常的成功，而且他的这一套技巧完全没有性别限制，也就是说对女性同样适用。林肯曾经重重地责罚过一个年轻的军官，仅仅是因为他与别人产生了争执。林肯狠狠地教训了军官一顿，其中有一句话颇具深意："与其因为争夺路权被一只狗咬，还不如事前给狗让路。不然的话，即使你把狗杀死，也不可能治好伤口。"

我非常赞同这句话，并不是因为这是林肯说的，而是因为有人确实运用这句话解决了很大的问题。

巴森士是一位所得税顾问，有一次他与一位政府税收的稽查员争论起来，起因是关于一项9000元的账单。巴森士坚定地认为，这9000元的账单的的确确是一笔死账，是不应该纳税的。而那名稽查员则认为，无论如何，这笔账都必须纳税。他们两个不停地争论，一个小时过去了，双方谁也没有说服谁。

最后，巴森士决定让步。他决定改变题目，不再与稽查员进行争论。巴森士说道："我认为，与你必须做出的决定相比，这件事简直微不足道。尽管我曾经研究过税收问题，但我毕竟是从书本上学到的，而你却是从实践中学来的。"

"你知道当时发生什么了吗？"巴森士得意地对我说，"那位稽查员马上站起身来，和我讲了很多关于工作上的事，最后居然还和我讲有关他孩子的事。3天以后，他告诉我，他可以完全按照我的意思去做。这太神奇了！"

女士们可能会认为，这位巴森士是一位顾问，作为女人不可能会有如此深的心机。其实，巴森士并没有运用什么高超的技巧，他只是避免了与稽查员正面的冲突，这就足够了。因为那位稽查员有自重感，事实上每个人都有，而巴森士越是与他辩论，他就越想满足他的这种自重感。事实上，一旦巴森士承认了他的重要性，他也会立即停止辩论。

我总结了一些方法，也许会对女士们不再去争论不休提供一些参考。

避免争论的方法

● 我觉得苏菲是一个很好的例子，你完全可以先让自己保持沉默；

- 你应该学会容忍别人所犯下的错误；
- 当别人指责你的错误时，你应该欣然接受；
- 你可以考虑运用改变题目的方法避免争论。

发自真心地请别人帮忙

我们不能否认，每个人，包括你和我，也包括男人和女人，在内心都是十分渴望得到别人的欣赏和尊重的，特别是得到那些比我们富有或身份高贵的人的欣赏和尊重，这一点我深有体会。

我记得非常清楚，那是一年夏天，我和我夫人开着我们心爱的T型车前往法国的乡下旅行。本来，有机会到乡村旅行应该是件很惬意的事情。可谁承想，由于没有向导，我们在乡村迷了路。当我们把车停下来的时候，正好有一群农民走过来。于是，我和我夫人很友好也很礼貌地上前问道："真是抱歉，我们是第一次来这里，现在迷了路！你们能帮我们一个忙吗？我们想知道如何才能到达下一个镇。"

你们真的想象不到，那些农民是多么愿意给我们提供帮助。事实上，那里的农民都是很穷的。他们穿着木鞋，并且很少能见到车。当他们见到一对开着汽车的美国夫妇时，一定把我们当成了百万富翁，甚至于认为我就是福特兄弟中的一员。

当时那些农民太兴奋了，因为他们知道一些富人们不知道的事情，而且他们还接受了富人们客气的脱帽致礼，这使他们有一种很强的优越感。接下来发生的事太奇妙了，这些农民都争先恐后地给我们介绍当地的地理情况，甚至有几次有人还示意别人不要插嘴，因为他们更希望能够独自享受这种美妙的感觉。

我对这件事的印象是非常深刻的，因为从那以后我意识到，如果你能够请求别人帮你一个忙，哪怕是很小的一个忙，那么这个人就能够从你那里得到很强的优越感和自重感。

不过很可惜，很多女士并不愿意去请求别人帮忙，她们认为这是一种向别人示弱的表现。她们的自尊心很强，虚荣心也很强，而且还很自负，一直都希望通过自己的努力来解决一切事情，尽管有时候她们确实需要帮助。

爱丽丝，我妻子的一个朋友，是一家电器销售公司的推销部主任。虽然她在这个行业已经做了很多年，但是她似乎并不认为推销是件快乐的事。她曾经苦恼地对我妻子说："你简直不敢想象，我每天要浪费多少时间！我必须给各地的经销商发出调查信，因为我要知道他们的销售情况到底怎么样，可是那些可恶的家伙却很少给我回信。每个月的回信率如果能达到5%~8%，那就已经是相当不错了。如果能达到15%，我真该感谢上帝。如果能达到20%，天啊，这简直是奇迹。"

我妻子听完她的抱怨之后，就建议她去参加我所开设的培训课程。爱丽丝抱着试试看的态度来找我，并表示希望我真的能够帮助她摆脱困境。事实上，我没有教会爱丽丝很多东西，只不过是教了她一些小技巧而已。但是，就在她参加完培训课之后，那个月的信件回复率简直是在以惊人的速度增长，甚至有一次居然达到了43%。"上帝！这简直是两次奇迹。"爱丽丝兴奋地对我说。

相信女士们一定对我教给爱丽丝的那个小技巧很感兴趣，一定想知道是什么使得爱丽丝如此大受青睐。下面，我就把爱丽丝写给各地经销商的信给大家介绍一下：

佛罗里达州亲爱的某某：

我现在面临一个问题，不知道你能不能帮助我解决这个困难？早在去年，公司就已经要求经销商把销售额的信件寄给我们，因为这是我们进行宣传所需的资料。当然，这一切的费用都是由我们来承担的。

先生，如今我已经给各地的经销商都发去了信件，大多数人都已经给了我回信，并且对我们的这种做法表示赞同。今天早上，经理突然问我近几个月公司的销售额提高了多少，对此我无言以对。我现在请求您，希望您能够帮我一个忙，给我回复一下信件，这样我就可以向上司交差了。

如果您帮了我这一个小忙，我真的会由衷地感谢您的。

推销部主任爱丽丝　敬上

女士们，爱丽丝的这封底信是很有魅力的。在称呼上，她用到了"亲爱的"，这一下子就缩短了她与经销商之间的距离。接着，在开头的时候，爱丽丝并不是以一名推销主任的身份去命令别人给她回信，而是诚恳地和别人说："请帮我一个忙！"这就是爱丽丝成功的秘诀，她成功地运用了这一心理战术。

我不知道各位女士是怎么看待这一问题的，但以我的经验来看，如果你能够灵活地运用这一心理战术，那么将会使你的人际关系大为改观，也会让你的事情得到圆满的解决。

可能有些女士对我说的第三点不赞同，因为在她们看来敌人是不可能会帮助自己的，而事实却并不是这样。我总是喜欢举一些名人的例子，因为他们是真正的成功人士，也是处理人际关系的高手。

最重要的一点是，他们的成功经验可以被所有人借鉴，女士们也不例外。

富兰克林还是个年轻人的时候，在印刷业就已经小有名气了。然而，他非常热衷于政治，十分渴望得到费城议院秘书这个职务。不过，就在他竞争这个职务的过程中，遇到了一点儿小小的麻烦。在费城的议会中有一位地位显赫的人对他非常不满，甚至还曾经公开诋毁他。富兰克林知道这是一件非常棘手的事情，所以他决定让那个人喜欢上自己。

读到这儿的时候，很多女士可能会说："开玩笑，怎么可能？让一个如此讨厌自己的家伙喜欢上自己？这简直是天方夜谭！"是的，也许这对大多数普通的人来说是件不可思议的事，但是对于富兰克林来说，却并不是一件很难的事，因为他的确做到了。

富兰克林给这个人写了一封信，信上说请求他帮助自己一个小忙，因为自己非常想阅读一本书，但是这本书自己怎么也找不到。同时，富兰克林还表示，希望那个人能够帮自己找到这本书，然后让自己借阅两天。结果，那个本来很敌视富兰克林的人很快就把书给他送来了，而富兰克林也在一个星期后把书还给了他，并且附上了一封感谢信，尽管谁也不知道他是不是真的看了这本书。

女士们，你们知道以后发生了什么吗？那个人居然在一次聚会中主动和富兰克林打招呼，而且还亲切地和他交谈。之后，两个人成为了非常要好的朋友，这段友谊一直持续到富兰克林去世。

说真的，连我对这一心理战术的魔力都赞叹不已。我想对各位女士说的是，适时地、巧妙地请求别人帮助，并不是一种无能的表现，相反是一种高明的手段。我一直都认为，一个成功的女性应该让所有的人都喜欢你，这里面既要包括你的家人和朋友，也要包括你的敌人。你要像推销商品一样把你自己推销给他们，让他们接受你，当然前提必须是以你的魅力感染他们。

凯丽是一位推销水暖器材的推销商，进入推销界也已经有很多年了。有一年，她在布洛克林区推销业务的时候遇到了一个难题，应该说是一个很大的难题。

布洛克林区当地有一名水暖器材销售商，生意做得非常大，而且在当地的信誉也非常好。凯丽是个很有经验的推销员，当然不会轻易放过这样一个绝佳的机会。她几次登门拜访，希望能够说服他与自己签订业务。可是，这个家伙的脾气却是非常不好，每当凯丽来找他的时候，他总是叼着雪茄，然后不可一世地吼叫道："给我滚出去，你这个没见过世面的乡下姑娘，我现在什么都不需要。"

凯丽碰了几次壁以后，知道自己再这样下去永远不会拿到想要的订单。于是，她想到了一条妙计，一条非常好的妙计。

这天，凯丽又一次敲开了经销商办公室的门。还没等那个经销商开口说话，凯丽就马上说道："请原谅先生，我今天并不是来向你推销什么东西的，我只希望能请您帮我一个小忙而已。"

"哦？是吗？不知道有什么可以为尊贵的小姐效劳？"销售商今天的态度出奇的好。凯丽笑着说："是这样的，先生，我们公司打算在这里成立一家分公司，但是您知道，我对这里的情况并不熟悉，而您却在这里干了很多年。因此，我希望能够从您那里得到一些非常好的建议，对此我将感激不尽。"

"哦，是的，我很愿意效劳，而我也确实对这里比你熟悉得多！还愣在那里干什么？赶快拿把椅子过来，我觉得你这个忙我一定可以帮！"接着，这位前几天还脾气暴躁的销售商，今天却慈祥得像一位长辈一样。

就在那天晚上，凯丽从这名经销商那里得到了很好的建议，也得到了一份数目不小的订单，更赢得了一份珍贵的友谊。

凯丽真的很聪明，她运用了我们所说的心理战术，达到了她想要的目的。我在这里可以向各位女士们保证，如果你们也学会这一心理战术，一定可以使你们成为你所居住的那个镇最受欢迎的女士，因为谁都愿意从别人那里获得欣赏和尊重。

不过，有一点我必须在这里提醒各位女士，这种"请求别人帮助"必须有一个大的前提，那就是要发自真心的、真诚的。我必须告诫各位女士，你对别人的欣赏和尊重并不等同于吹捧和阿谀献媚，千万不要为了获得别人的好感而去一味地奉承别人，因为那样会使你看起来非常虚伪。

承认错误一点儿都不丢人

女士们，你们是否犯过错误呢？可能有人会认为我的问题是很愚蠢的，因为没有人不犯错误。其实，我知道所有人都会犯错误，但并不是所有人都对自己犯下的错误有一个正确的态度。事实上，有一次我就因为没有正确处理好自己的错误而差一点被人告上法庭，尽管那并不是一个很严重的错误。

离我家不远的地方有一片森林，我只要步行一分钟就可以到达。每当春天来临之时，林子里的野花都会盛开，而且还会看到很多忙碌的松鼠，就连马草都能长到马首那么高。你们可能想象不到我发现这片美丽的森林时的心情，那种感觉就像是哥伦布发现了美洲大陆。我爱上了这片美丽的地方，经常会带着我那只小巧可爱、性情温顺并且绝不会伤人的波斯狗瑞克斯去那里散步。我说过了，我的瑞克斯是非常听话的，根本不会伤害到任何人，所以我从来不给它带上皮带或是口笼，尽管我知道这是违法的。

一天，当我带着瑞克斯在林子中悠闲地散步的时候，迎面走来了一位法律的执行者——警察，而且是一位急于显示他权威的警察。

"嘿！就是你，看你都干了些什么？"警察先生很生气地说，"你怎么可以不给那条狗戴上口笼而且还不用皮带系上呢？你这是在放任这条狗在林子中胡乱地跑，难道你是有和法律对着干的想法吗？难道你不知道这么做是违法的吗？"

其实，我也知道这种做法是违反法律规定的，但我觉得这位警官说得有些严重了。于是，我和警官理论起来，并且尽可能轻柔地说："先生，我知道这是一件犯法的事，但我的瑞克斯是一只很温顺听话的小狗，我想它并不会在这里制造出什么乱子来！"

"你认为！你认为！但是我知道法律从不这么认为。"我的话激怒了这位警官，他开始冲我大喊大叫："你所谓的那只温顺听话的小狗虽然不会伤害到一个成年人，但它完全有可能咬伤松鼠或是儿童。不过，看在你是初犯的分上，我这次就原谅你的错误。如果你以后再让我看到你不给这只狗戴上口笼或系上皮带的话，那我只好请你去和法官谈一谈了。"

我知道，那位警察先生不过是在吓唬我，其实他只是想告诉我，这个地区是他说了算。虽然他并不会真的把我送上法庭，但当时的场景确实令人很尴尬。相信女士们一定遇到过和我一样尴尬的场景，因为你们在之前已经承认了每个人都会犯错误，而且很多人都会和我一样选择辩解，希望以此来减轻自己的错误。

女士们，请恕我直言，尽力为自己的过错进行辩护是一种极其愚蠢的行为，而事实上大多数女士都会这样去做。我只能说，这种愚蠢的做法会让你陷入尴尬的境地，甚至让你遭受到比直接承认错误还要严重的惩罚。不过幸运的是，我比大多数女士早先一步发现了这一点的危害，因此我并没有为此付出太多的代价。

在那位警官训斥过我之后，我曾经认真地遵守了几次，但是我的瑞克斯非常不喜欢口笼，当然我也不喜欢，最后我们决定碰碰运气。应该说我们是比较幸运的，因为起初我们并没有遇到什么麻烦。可是一天下午，当我和瑞克斯正在林子中玩耍的时候，那位象征权威的警察出现了。

我知道，这次不管怎么狡辩都会受到惩罚，因为警官以前就警告过我了，所以我根本就没有打算为自己辩护。在警察还没有开口说话前，我就很诚恳地说："对不起，警官先生，这次您又把我抓住了！我知道我犯了法，所以我不想去解释或是找借口。事实上，您在上个星期就已经警告过我了，但是我还是没有给瑞克斯戴上口笼或是系上皮带。对此我表示歉意，而且也非常愿意接受处罚。"

本来，我是等待他给我开出罚单。不想警察先生却温和地说："其实，每个人也包括我都知道，如果在周围没有人的情况下，带上这样一只小狗四处跑跑是一件非常有趣的事。"

"我知道那非常有趣，但是我触犯了法律！"我坚定地说。

"我知道，但我想这样一只小狗不会伤害到人。"警察先生居然为我的瑞克斯辩护起来。

"可是，它完全有可能会伤害到一只松鼠或是咬伤儿童。"我依然坚持自己的观点。

警察先生显然已经不想惩罚我，对我说："其实你对这件事有点太认真了！我倒有个两全其美的办法。你只要告诉你的小狗，让它跑过那个土丘。这样，我就看不见它了，而我们也会很快就将这件事忘记的。"

说真的，我真的很庆幸自己当时没有为自己的过错进行辩护。我十分清楚，这位警官并不是没有人情味，他只不过是想通过惩罚或是教训我的方法使自己获得一种自重感。因此，当我在开始就责备自己时，他所能做的只有对我采取宽大的态度，因为只有这样才能显示出他是慈悲的，才能使他获得更多的自重感。女士们不妨试想一下，如果我愚蠢地为自己的行为进行辩护的话，那么结果会是什么？我还从来没看到过有谁在和警察进行的辩论中取胜的。

如果女士们犯了错误，当然这是不可避免的，那么你首先必须清楚，你确实是做了一件错事，所以你受到责备或是惩罚是理所应当的事。那么，我们为什么不能首先承认错误，进行自我批评呢？这样做难道不是比别人批评指责我们更加好受一些？我还可以告诉各位女士，如果在别人说出责备你的话之前，你先一步开始了自责，那么他们的选择只能是用宽容的态度来原谅你的过错。

爱玛是华盛顿一家公司的中层管理人员。有一次，因为一时疏忽，她错误地给一名正在休假的员工发了全部的薪水。爱玛知道自己一定会受到老板的责备，所以她决定亲自向老板道歉。

爱玛轻轻地敲开了老板办公室的门，首先看到的是老板那张愤怒的脸。在老板还没有开口说话之前，爱玛就主动把自己的错误说了出来。导火索点燃了，老板非常愤怒地斥责了爱玛一顿，并告诉她必须受到应有的惩罚。爱玛没有解释什么，只是一个劲地称这是自己的失职。这时，老板的脾气显然没有刚才那么大了，而是若有所思地说："这件事也许不应该全怪你，毕竟那些粗心的会计也脱不了干系。""不，老板，这一切都是我的错，和别人没有任何关系。"爱玛依然把责任全都往自己身上揽。老板开始为爱玛找各种理由开脱，但爱玛却坚持认为这是自己的错。最后，老板对爱玛说："好吧，我承认这是你的错，不过我相信你一定不会再犯同样的错误了！"从那之后，老板对爱玛越来越器重。后来，爱玛成为这家公司高层领导中的一员。

我无意再去重复那些空洞的话来告诉各位女士，勇于承认自己的错误是一件很重要的事情。事实上，我只想通过事实来告诉女士们，如果你一味地为自己犯下的过错辩解将会给你带来多大的麻烦。

玛丽在一家食品商店里做推销员，虽然她刚入行不久，但工作起来却很勤奋，所以受到了大家的一致好评。本来，玛丽完全可以凭借自己的努力打出一片天下来，然而一件事的发生却毁灭了她所有的梦想。

这天晚上，当玛丽清算今天自己推销出多少商品的时候突然发现，有一种商品的售价应该是30美元，竟然被自己以20美元的价格卖给了顾客。虽然只不过使商店损失了10元钱，但这毕竟也是一次工作事故。同事们都劝玛丽，让她主动去找老板承认错误，并且自己拿出10美元来补贴公司的损失，毕竟这不是什么大数目。可是，玛丽坚持认为，自己之所以会犯这样的错误，完全是因为别人没有把标签贴清楚，她没有必要为了别人犯下的错误而受到惩罚。

正当大家劝说玛丽的时候，老板派人把玛丽叫到了自己的办公室。玛丽进门之后，还没等老板开口就说："这件事和我一点关系都没有，我没有犯错，这是别人造成的。"

老板看了看他，有些不高兴地说："这难道是我的错？玛丽，只是10美元而已，我是不会深究你的责任的。"

"哦！天，我难道很在乎这10美元吗？你不知道我为咱们店贡献了多少吗？我不觉得我有什么错，这完全是因为他人的疏忽。现在，我请你不要把所有的责任都推到我的身上好不好！"

老板看了看她，摇了摇头说："玛丽，应该说你的工作做得还是不错的！可是你这种对待错误的态度实在是让我很失望，我只能和你说对不起。"就在那天晚上，玛丽又一次回到失业人员的队伍中。

女士们，我想你们已经很清楚地认识到，当你犯下错误的时候，选择消极的躲避态度无疑是一种错上加错的做法。我有必要在这里奉劝女士们，你们只有正确地对待错误，才不会使错误成为你前进的障碍。应该说，如果你正确地对待了错误，那么错误就有可能变成你前进的推动器。

在我的培训班上，很多女士不止一次地问："卡耐基先生，事实上我对错误的认识也是相当深刻的，很多时候我也想承认错误。但很遗憾，似乎我没有那么大的勇气，也不知道该如何承认错误。"

我知道，她们所说的这一切其实不过是借口而已，真正让她们不愿意去承认错误的原因是自己的那份虚荣心和自尊心。这时，我总是先告诉她们："你们必须端正态度，认识到自己的错误。你们还要明白，犯了错误就要受到责备，这是很公平的事。你不要以为承认了错误是件很丢脸的事，事实上这样做会给你赢来更多的尊重。"我发现，当我说完这些话之后，那些女士往往都有一种如释重负的感觉。接下来，我又告诉了她们几种承认错误的方法。

承认错误的四种方法
● 在别人面前直接道歉；
● 给对方写一封诚恳的道歉信；
● 让别人替你转达歉意；
● 用实际行动表达你的歉意。

女士们，请相信我，如果你真的能够做到坦然地承认自己的错误，那么你一定会成为最受欢迎的女士。

宽容别人是对自己的解救

有一次，我到华盛顿拜访我的朋友罗宾，他是一位有名的心理医生。吃晚饭的时候，罗宾给我讲了一个他亲身经历的故事：

几年前，罗宾在一次名为"拯救灵魂"的公益活动中认识了59岁的伊丽莎白女士。当时，这位女士看起来并不开心，而且罗宾能看得出来，这位女士看那些失足孩子的眼神里并没有慈爱，而是充满了憎恨。罗宾走上前来和她打招呼，并问她是否需要什么帮助。伊丽莎白女士看了看罗宾，又看了看那些孩子，恶狠狠地说："他们都是凶手,杀人犯!"

事后,罗宾了解到,原来伊丽莎白曾经有一个儿子小乔治。可是很不幸,就在小乔治15岁那年,因为一个特殊的意外,被一群社会上游荡的坏孩子乱刀砍死。从那以后,伊丽莎白女士的心中充满了仇恨。每当在街上看到那些行为不端的不良少年时,她都有一种冲过去杀死他们的冲动,而且这种冲动越来越强烈。

罗宾知道事情的缘由之后,决定帮助伊丽莎白女士摆脱这种痛苦的折磨。他找到伊丽莎白,对她说:"夫人,您的经历我都已经听说了,但仇恨是解决不了任何问题的。事实上,这些误入歧途的孩子才是最可怜的,因为他们的父母很早就把他们抛弃,而社会也没有给他们足够的尊重。应该说,他们从出生的那天起,就不知道温情是什么滋味。"

伊丽莎白女士显然不愿意接受罗宾的话,气愤地说:"那又怎么样?关我什么事?我只知道,他们夺走了我的小乔治。"

"那只是个意外而已,女士,你为什么放不下这些怨恨呢?"罗宾平静地说,"我可以向你保证,如果你能够以宽容的态度对待那些孩子的话,说不定你的小乔治就能够回来了。"

罗宾讲到这儿的时候,我已经有些迫不及待,因为我急于知道伊丽莎白女士是否从痛苦中走了出来。罗宾告诉我,那位女士做到了。她尝试着参加了"拯救灵魂"团体,并且每个月都会抽出两天时间去离她家不远的一家少年犯罪中心,与那些她曾经深恶痛绝的孩子们进行零距离的接触。开始的时候,伊丽莎白女士还有些不自然,但是过了一段时间,她发现原来这些孩子真的有她以前不知道的一面。这些孩子在内心十分渴望得到别人的爱,有的甚至于只希望能够深情地呼喊一声"妈妈"。伊丽莎白女士终于融入了这个团体,并像其他人一样认领了两个孩子。她每个月都会去看望这两个孩子,而且每次总是给他们带去她亲手制作的美味食品。当那两个孩子从犯罪中心走出去的时候,伊丽莎白又认下了两个新的孩子。这种做法一直持续了很多年。

就在前几天,伊丽莎白女士离开了人世,临终前她握着罗宾的手说:"我已经没有什么遗憾了,因为我从来没有如此的幸福过。我真的不能想到,我用我的爱心宽容地对待了那些孩子,而他们给了我一直渴求的天伦之乐。我拯救了他们,也解救了我自己。"

这件事对我的触动很深,因为我看到了人类最伟大的美德——宽容的力量。女士们,你们也一定都会为伊丽莎白女士感到高兴,因为她在自己生命中的最后几年,以宽容的态度将自己从失去儿子的痛苦中解救了出来。不过,我很遗憾地说,女士们虽然会为伊丽莎白女士解救自己的做法感到高兴,但似乎并没有要解救自己的意思。

我的这一说法并不是凭空捏造的,因为在我的培训班上,很多女士都不能以宽容的态度对待别人犯下的错误。那些女士们曾经向我诉苦说,她们越来越感觉这个世界没有温暖,因为她们原来的朋友变成了自己的敌人,而那些与自己素不相识的人也会伤害到自己。她们告诉我,她们觉得生命对她们来说只不过是一个时间概念,因为她们没有朋友,所以根本体会不到生命的乐趣。

每当这个时候,我都会给她们讲伊丽莎白女士的故事,告诫她们应该以宽容的态度对待别人。那样,她们就会给自己赢得很多人的爱戴,同时也会使自己得到解救。事实上,在告诫女士们的同时,我也时刻提醒自己应该宽容地对待别人。这真的给了我很大帮助，还曾经帮我把一份仇恨变成了友谊。

那时候我还在电台主持节目，有一次我谈论起有关《小妇人》的作者露易莎·梅·阿尔科特的事情。坦白地说，我很清楚地知道她的确是生长在马萨诸塞的康考德。不过，由于我的粗心，我居然说出我曾经到过纽韩赛的康考德去拜访这位作家的故乡。这显然是个地理上的错误，但如果我只说了一次或许还是可以原谅的，遗憾的是，我居然说了两次。这下我可闯了大祸，信函、电报、激烈的言辞、愤怒的言语乃至于侮辱性的文字就像洪水一样向我涌来。其中，有一位生长在康考德的老太太，她对我说错她故乡位置的做法大为恼火，说了很多让人难以接受的话。当时，我真的很气愤，因为我觉得她就像是纽格尼的食人魔。当看到她那份愤怒的信时，我居然对自己说："感谢上帝，这样的女子不是我的妻子。"然后，我打算写一封回敬信，告诉这位老太太，虽然我自己犯了一个地理上的错误，但是她在礼仪上犯了一个更大的错误。然而，正当我想要写下这封言辞激烈的信时，我突然想到了伊丽莎白女士。我告诫自己，必须克制住我的情绪。我应该宽容地对待她的做法，应该想办法把仇恨变成友谊。

后来，我特意给她打了一个电话。在电话里，我坦诚地承认了自己的错误，并真心地希望能够得到她的谅解。而那位怒气冲冲的老太太也不再说出那些让人难以接受的话，她对我的认错态度表示非常满意，而且也承认她的信的确有很多地方用词不当。最后，她也真心地希望能够得到我的原谅，并表示希望和我取得长期的联系。

从那以后，我更加坚信了自己的想法，不管在什么时候，不管别人犯下什么样的错,我都会让自己以宽容的态度对待。女士们,如果你从现在起真的能够做到宽容地对待别人,那么你也就真的开始了成功的第一步,因为你马上就会变成最受欢迎的人了。

事实上,这种宽容的态度就是人际关系的润滑剂,人与人之间友谊的桥梁。女士们可能会认为,宽容是对别人而言的,因为那样的话别人可以不接受错误的惩罚,也可以不接受良心的谴责。但是,我却要告诉各位女士们,宽容最大的受益者实际上是你们,而并不是别人。这点不是我说的,是我的朋友威玛女士说的。

威玛是美国最早的音乐经理人之一,她与那些世界上一流的音乐家们打了很多年的交道。我对威玛的成功非常感兴趣,因为谁都知道,那些音乐家的脾气往往都很古怪、任性、刻薄,总是会有意无意地给你制造出这样或是那样的麻烦。

"戴尔,你太紧张了!事实上我一直把他们当孩子看。"面对我的提问,威玛笑呵呵地说:"他们经常会做出很多恶作剧,甚至有的人还会撒娇。我也必须承认,他们有些时候真的有些过分,因为他们伤害到了我。"

"那你是怎么应对这一切的呢?"我最感兴趣的还是她处理问题的方法。

威玛有些神秘地说:"其实很简单,这里有一个秘诀。我从来不把他们当敌人看,我对他们犯下的一切错误都很宽容。是的,宽容就是我的唯一秘诀,我也是宽容最大的受益者。"说完之后,威玛爽朗地笑了几声,然后给我讲了一个很有趣的故事。

有一段时间,威玛女士担任了一位最伟大的男高音歌唱家的经纪人。这位歌唱家的声音可以震动整个首都大戏院里所有的高贵观众。可是，这位伟大的音乐艺人却是一个脾气暴躁、爱耍性子的人。在威玛之前，很多人都因为和他脾气不和而宣布退出。

这天，威玛敲开了歌唱家的门，问他是否已经准备好了今天晚上的演出。只见这位歌唱家皱着眉头说："对不起，我的威玛，我嗓子现在真的很不舒服，我觉得今天晚上的演出有可能取消。"

"是吗？那简直太不幸了，我的朋友！看来我只能取消这次演出。"威玛平静地说。

歌唱家有些不相信自己的耳朵，问道："你说什么？我简直不敢相信你在说什么。"

威玛说道："我是说对这件事我感到非常遗憾。当然，这次您可能只是损失了一些金钱，但我认为这和您的声誉比起来，简直不值一提。"

歌唱家若有所思地说："哦！你最好下午5点钟左右再来，因为那时候我可能会好一些。"

事实上，那天的音乐会如期举行了，而且歌唱家发挥得还非常好。后来，歌唱家对威玛说："我真的不能想象你会如此地宽容我的任性和固执。谁都能看得出，我当时完全是装出来的。以前，那些经纪人对我的这种做法很不满意，他们总是对我大喊大叫，大发脾气，认为我不能体谅他们。而你，威玛，不但没有发脾气，反而发自内心地关心我，这一点我太感动了。即使我真的嗓子不舒服，我也一定会坚持在舞台上表演。"

女士们，我相信你们都是最优秀的，也是最善良的，因为这是上帝赐予你们的独特魅力。我相信，女士们在面对一些人的错误时，哪怕是一件非常严重的错误，你们也一定会以宽容的态度对待。因为这是女性的美德，也是女性获得别人的喜爱，将自己从痛苦中解救出来的最好方法。

建议永远比命令更有"威力"

有一次，我的培训课上来了一位名叫丽莎的女士。她告诉我，她是一家广告公司设计部的主任，可是她现在的工作很不顺利，也很不快乐。当我问起是什么原因时，丽莎女士苦恼地说："上帝，我真的不知道是怎么回事。我不明白，为什么办公室里的每个人都好像在针对我。你知道，我是一名主任，可是我的话对于那些职员来说根本起不到任何作用，事实上他们根本就不听我的。"

听到这儿的时候，我已经知道这是一位将人际关系处理得很糟的设计部主任了。我想我能帮她，但我必须要找到她失败的原因。于是，我问她："丽莎女士，你平时是怎么和你的下属在一起工作的？"我清楚地记得，当时丽莎女士的表情很不以为然，她说："还不是和其他的人一样，我是主任，必须要对整个部门负责，也必须要对我的上司负责。我必须要他们做这个做那个，因为这是我的职责。可是似乎没有人能听我的。"我追问道："你是说，你在工作的时候是用'要'这个词，是吗？"丽莎女士很诧异地回答说："当然，卡耐基先生，要不你认为我应该用什么词？"我现在已经可以肯定地判断出丽莎女士失败的原因了，我对她说："丽莎女士，以后你再要别人做什么工作的时候，我建议你用另一种方式。你完全可以用一种提问或是征求的口气，而并不一定要用命令的口气，就像我现在建议你一样。你觉得呢?"

两个月后,当我再一次见到丽莎女士的时候,她已经完全变了一个人,变成了一个非常快乐的人。"卡耐基先生,我真的不知道该怎样感谢您!"丽莎女士兴奋地说:"您知道吗?您的那个办法简直太神奇了,现在部门的同事都和我成了要好的朋友,工作也开展得十分顺利。"

我真的非常替丽莎女士高兴,因为她听完我的话后,已经很清楚地看到了自己的不足,并能够马上把它改正过来。遗憾的是,似乎大多数女士到现在为止依然保持着丽莎女士从前的状态。女士们似乎更热衷于教别人做什么,而不是让别人做什么。也就是说,比起建议来,女士们更喜欢用命令的语气。

实际上,大多数女士都喜欢采用这种做法,因为这可以让她们的自尊心和虚荣心得到满足。然而,女士们的自尊心和虚荣心是得到满足了,可那些被命令的人却受到了伤害,失去了自重感。这种做法真的会使你的人际关系变得一团糟。

有一次,我和一位在宾夕法尼亚州教书的教师聊天,他给我讲了这样一个故事:

一天,一个学生把自己的车子停错了位置,因此挡住了其他人的通道,至少是挡住了一位教师的通道。那名学生刚进教室不久,女教师就怒气冲冲地冲了进来,非常不客气地说:"是哪个家伙把车子停错了位置,难道他不知道这样做会挡住别人的通道吗?"

那名学生其实当时已经意识到了自己的错误,于是他勇敢地承认了那辆车是他停的。"凶手"既然出现了,女教师自然不会放过他,大声地说道:"我现在要你马上把你那辆车子开走,否则的话,我一定让人找一根铁链把它拖走。"

的确，那个犯错的学生完全按照教师的意思做了。但是从那以后，不只是这名学生，就连全班的学生都似乎开始和这个老师作对。他们故意迟到，还经常捣蛋。老实说，那段日子，那位脾气很大的女教师确实真够受的。

我真的不明白，那名教师为什么要用如此生硬的话语呢？难道她就不能友好地问："是谁的车子停错了位置？"然后再用建议的语气让那名学生把车子开走吗？我想，如果这位女士真的这么做了，相信那名犯了错的学生会心甘情愿地把车子开走，而她也不会成为学生们心目中的公敌。

我不知道女士们是否已经明白我在说什么，事实上从一开始我都在试图建议女士们改掉喜欢命令别人的作风。实际上，你不去命令他人做什么，而是去建议他人做什么，这种做法是非常容易使一个人改正错误的。你这样做，无疑维护了那个人的尊严，也使他有一种自重感。我相信，他将会与你保持长期合作，而并不是敌对。我建议女士们在改正这种做法之前，先看看下面这几点，因为这样也许能让你更加坚定信心。

建议他人做事的好处

● 容易让别人接受你的观点；
● 可以帮助别人改正错误；
● 你的人际关系将非常融洽；
● 你会与他一直合作下去。

我并不是在这里毫无根据地说，因为你采用命令的语气去让别人做事，危害是非常大的。

命令他人做事的危害
- 得不到别人的支持；
- 恶化人际关系；
- 阻碍你成功解决问题。

女士们，采用建议的语气让他人做事真的是一种非常有效的方法。事实上，这个道理是我从资深的传记作家伊达·塔贝儿那里学来的，而伊达·塔贝儿又是从欧文·杨那里学来的。

我真的很庆幸那次能有机会和伊达·塔贝儿共进晚餐。当时，我和她说我正在计划写这本书，于是我们就讨论起应该如何与人相处的话题。伊达·塔贝儿神采飞扬地告诉我，她为欧文·杨先生写了一本自传，书名就叫《欧文·杨传》。为了搜集素材，她和一位与欧文在一起工作了3年的人谈话。我当时很奇怪，不知道为什么她说起这件事的时候会显得那样兴奋。伊达·塔贝儿告诉我说，欧文真的是一位处理人际关系的高手，他的员工都非常高兴能为他工作。欧文从来没有指使过别人做什么事，他对任何人总是采用建议而不是命令的语气。

"你知道吗？戴尔！"伊达·塔贝儿兴奋地说，"欧文真是太高明了，他从来不会说'你去干这个'或是'他去干那个'。他总是会对别人说，'你可以考虑一下采用这种方法'或是'你觉得这样做怎么样'。他经常会对自己的助手说，'也许这样写会更妥当一些'。戴尔，我真的十分佩服他这种建议别人的做事方法，这使他在与人相处的时候始终立于不败之地。"

伊达·塔贝儿的话深深地触动了我，从那以后，我就把她的话牢记在心，并且也在平时刻意地按照这一原则去做。经过我的实践，我发现，这真的让许多我以前做起来很头疼的事变得简单，因为无礼的命令只会让人对你产生怨恨，只有真诚的建议才能让别人接受你的意见。

女士们，我想你们已经非常明白我的意思了，因此我十分诚恳地建议你们能够按照我所说的去做。不管你是一名普通的女性，还是某个部门的主管，掌握这一技巧，都无疑会让你受用无穷。

伊丽莎白女士是英国一家纺织厂的总经理，应该说她是一个精明能干的女性。有一次，有人提出要从他们的工厂订购一批数目很大的货物，但要求伊丽莎白女士必须能够保证按期交货。坦白说，这个人的要求有些过分，因为那批货确实数目不小，况且工厂的进度早就已经安排好了。如果按照他指定的时间交货，当然不是不可能，但那需要工人加班加点地干。

伊丽莎白女士非常愿意接受这项业务，但她也考虑到这可能会使工人有怨言，甚至给自己招来一些不必要的麻烦。她知道，如果自己生硬地催促工人们干活，那么肯定会使自己陷入尴尬的境地。

这时，伊丽莎白女士想到了一条妙计。她把所有的工人都召集到了一起，然后把这件事的前前后后都说得非常清楚。伊丽莎白说："这项业务我非常愿意承担，因为这对我们工厂的发展是有好处的，而你们所有人也都能获得利益。不过，我现在很犯难的是，我们有什么办法可以达到这个客户的要求，做到按期交货呢？"接着，伊丽莎白女士又说："我真的不知道该怎么办，你们有谁能想出一些办法，让我们能够按照他的要求赶出这批货来。我想你们比我更有发言权，你们也许能够想出什么办法来调整一下我们的工作时间或是个人的工作任务。这样，我们就可以加快工厂的生产进度了。"

员工们在听完伊丽莎白的建议后，并没有像她事前想象的那样发牢骚或是抗议，相反却纷纷提出意见，并且表示一定要接下这份订单。工人的热情很高，都表示他们一定可以完成任务。更加让伊丽莎白吃惊的是，有人居然还提出愿意加班加点地干，目的就是要完成这项订单。

事后，伊丽莎白和她的朋友说："那一次，工人们的举动真的令我太感动了，我真的不知道该怎么感谢他们。"她的朋友回答说："伊丽莎白，这是你应得的，因为你先尊重了他们，使他们有了自尊，所以他们的积极性才会发挥出来。"

女士们，我真心的希望我所说的东西能够给你们提供一些帮助。我希望你们能够明白，建议其实是一种维护他人自尊的好办法，更加容易使人改正自己的错误。它给你带来的会是对方诚恳的合作，而不是坚决的反对。

最后，我想给女士们提一些建议，那就是你在运用这项技巧的时候，有一些事情是要注意的。

建议别人的注意事项
- 一定要发自真心地、真诚地去尊重别人；
- 态度必须要诚恳。

说完了注意事项，我这里还有一些简单的小的技巧可以提供给各位女士。

建议别人的技巧
- 用提问的方式让别人去做你想要他们做的事；
- 在和他们说话时，你可以采用商量的语气。

我相信，如果女士们从现在起真的做到这一点的话，那么你们一定可以成为最受欢迎的人。

别忘了，保全别人的面子很重要

我想各位女士一定注意到了这一点，我一直都在强调与人相处时首先要做到的就是尊重对方，使对方有一种自尊感和自重感。是的，这一点对于我们是否能和别人愉快地、融洽地相处有着至关重要的作用。实际上，别人这种自尊感和自重感就是我们平时所说的"面子"。因此，我在这里必须要向各位女士再一次强调这一点，保全别人的面子是很重要的。

可是，我不得不遗憾地说，这似乎并没有引起大多数女士的注意。女士们更乐于直接指出别人的错误，采用一种践踏他人情感、刺伤别人自尊的方法来满足自己的虚荣和自尊。很多女士都很少考虑别人的面子，她们更喜欢挑剔、摆架子或是在别人面前指责自己的孩子或是雇员，而并不是认真考虑几分钟，说出几句关心他们的话。事实上，如果我们能够设身处地地为别人想想，然后发自内心地对别人表示关心，那么情景就不会那么尴尬了。

几年前，著名的通用电气公司曾经碰到过一个非常棘手的问题，因为他们不知道该如何安置那位脾气古怪、暴躁的计划部主管乔治·施莱姆。通用公司的董事们必须承认，乔治·施莱姆在电气部门称得上是一个超级天才。对于他来说，没有什么是不可能的。董事们非常后悔，后悔当初把乔治调到计划部来，因为在这里他完全不能胜任自己的工作。虽然有人提出直接告诉乔治这个调换职位的决定，但公司的董事们并不愿意因此而伤害到他的自尊，因为他毕竟是一个难得的人才，更何况这个天才还是一个自尊心非常强的人。最后，董事们采用了一种很婉转的方法。他们授予乔治一个公司前所未有的新头衔——咨询工程师。实际上，所谓的咨询工程师的工作性质和乔治以前在电气部门的工作性质完全一样。但是，乔治对公司的这一安排表示非常满意，没有向上级部门发一点牢骚。这一点，公司的高层领导非常高兴，因为他们庆幸自己当初选择了保留住乔治面子的做法，否则这位敏感的大牌明星准会把公司闹个底朝天。

我只想告诉女士们，有些时候批评他人或是惩罚他人并不一定非要直白地进行，我们完全可以委婉地、间接地达到自己的目的。如果能够在保住别人自尊的情况下指出别人的错误，也许他们更能够接受你的意见。

前几天，我和一位宾夕法尼亚州的朋友聊天。他给我讲了一件发生在他们公司的事情，使我更加坚信保留别人的面子是很重要的事情。

"事情是这样的。"我的那位朋友说，"有一次，我们公司召开生产会议。会议刚开始，公司的副总就提出了一个非常尖锐而且让人下不来台的问题，那是一个关于生产过程中的管理问题。"听到这儿的时候,我不免插嘴道:"这是很正常的事,一个公司有了问题就必须提出来!""是的!"我的那位朋友点了点头,"你说得很对,戴尔!副总指出的问题并没有错,但是他不应该气势汹汹地把所有的矛头都指向当时的生产部总督。天啊!当时的场面真的很令人尴尬。我们都能感觉到,总督确实生气了,但是他怕在所有的同事面前出丑,所以对副总的指责沉默不语。戴尔,你真的不能想象,总督的沉默反倒更加激怒了副总,最后副总甚至骂总督是个白痴、骗子。""那后来怎么样?"我又插了一句嘴。我的那位朋友摇了摇头,面带遗憾地说:"我想,即使以前的关系再好,由于副总使他在众人面前颜面尽失,那位总督也不可能继续留在公司。事实上,从第二天起,总督就离开了公司,成了我们一家对手公司的新主管。我知道,他是一位非常不错的雇员。事实上,他在那家公司也真的做得非常好。"

从这位朋友讲完这个故事以后,我时刻提醒自己,不管在什么时候,都要首先考虑如何保留别人的面子。我的一位会计师朋友苏菲告诉我,她对这一点的体会是非常深的。

"会计师这一职业是有季节性的,因为我们的业务就是这样,我不可能在没有业务的情况下雇佣那些有能力的会计师们。"苏菲有些无奈地说,"说真的,戴尔!你知道吗?解雇一个人并不是什么十分有趣的事,事实上我也知道,被别人解雇更是一种没趣的事。但是我没有别的选择,我必须在所得税申报热潮过后,对很多人说抱歉。其实,我们都不愿意面对这样的现实,我们这一行还有一句笑话:没有人愿意抡起斧头。是的,谁也不愿意去解雇任何人。不过,做我们这行的都知道,自己迟早是会面对的,躲是躲不过去。因此,大家似乎都已经变得没有了感觉，心里只是希望能够早一天赶走这种痛苦。大多数时候，人们都会以这样的方式说话：'你知道，现在旺季已经过去了，所以我们没有再继续雇用你的必要。你放心，当旺季再一次来临时，我们还会继续雇用你，所以你只好暂时失业。'这对于别人来说真是太残忍了，而且往往那些人不会再回来为你工作。因此，我从来不对人这么说。"

我对苏菲的话非常感兴趣，追问道："那么你是怎么和那些会计师们说的呢？"

苏菲有些得意地说："我从不做这种伤害人自尊的傻事，当我不得不去解雇某些人时，总是委婉地说：'某某先生，您的工作做得非常好，我也非常满意。我记得有一次您去纽约，那的工作简直太令人厌烦了，可是您却把它处理得井井有条。我真难想象，您居然一点差错都没出。我希望您知道，您是我们公司的骄傲，我们对您的能力没有一丝的怀疑，我希望您能够永远地支持我们，当然我们也会永远地支持您。'"

"然后呢？"我不解地问。苏菲笑了笑说："然后就给他结了账，让他离开了。事实上，作为一名会计师，每个人都非常清楚，到这个时候自己肯定会面临失业。他们在面对本来就会发生的事情的时候，更希望获得的是一份尊严。我，苏菲，给了那些会计师们尊严，而他们也非常乐意再一次回到我们这里帮我继续工作。"

我想各位女士已经体会到了保留他人面子的重要性。是的，它往往会使你得到意外的收获，也会让你的人际关系变得融洽、自然、和谐。我不得不再重申一次，保留别人的面子对你是有很大帮助的。

保留别人面子的好处

- 使别人愿意接受你的意见；
- 不会使你陷入尴尬的境地；
- 达到你做事的目的；
- 帮助别人改正错误；
- 让你成为一个受欢迎的人。

为了让女士们能够更加相信我所说的话，我还有必要告诉你们，如果你不保留别人面子，将会给你带来哪些麻烦。

不保留别人面子的危害

- 别人会拒绝你的意见；
- 你的人际关系将变得一团糟；
- 使问题更难解决；
- 毁掉一个人。

有些女士可能会认为我是在危言耸听，我们不去保留他人的面子，无论如何也不能说就毁了一个人。事实上，我并不是在故意地夸大其词，因为如果你有意地伤害了别人的自尊，那么真的有可能使他永远不能回头。幸运的是，当玛丽小姐出现问题时，她遇到的是一位"仁慈"的雇主。

玛丽在一家化妆品公司做市场调查员，这是她刚刚找到的一份新工作。玛丽很兴奋，也很高兴，上班的第一天她就接到了一份重要的工作——为一个新的产品做市场调研。可能是由于太激动，也可能是因为对于新的工作还不熟悉，总之玛丽做的市场调查出现了非常严重的错误。

"卡耐基先生，您知道吗？当时我真的要崩溃了，真的！"玛丽说道，"您也许不知道，由于计划工作中出现了一些错误，导致我所得出的所有结果都是错误的。那就意味着，如果想完成这项任务，我就必须要从头再来。本来，让我重新开始工作并没有什么大不了的，但关键是报告会议马上就开始了，我已完全没有时间去改正错误了。"

是的，一切的错误似乎都已经无法挽回。据玛丽回忆说，当她在会上给众人做报告的时候，她已经被吓得浑身发抖。她一直都在克制自己的情绪，希望自己不会哭出来，因为那样的话一定会让大伙嘲笑她的。最后，玛丽实在忍不住了，就对他们说："这些错误都是我造成的，但我希望公司能给我一次机会。我一定会重新把它们改正过来，并在下次开会的时候交上。"玛丽说完之后，本以为老板一定会狠狠地训斥她一顿。可没承想，老板不但没有大声指责她，反而先肯定了她的工作，并对她的认错态度表示欣赏。接着，老板又对她说，刚入门的调查员在面对一项新计划的时候，难免会有一些差错，这是不可避免的。他相信，经过这次教训之后，玛丽一定会变得非常严谨、认真，她的新计划也一定会完美无缺。

玛丽对我说，她那一次真的非常感动，因为老板当着众人给足了她面子。从那一刻起，她就下定了决心，以后绝对不会再让这样的事情发生。

女士们必须牢记这一点，即使别人犯了什么过错，而这时我们是正确的，我们仍然要保留他们的面子。因为如果不那样的话，我们有可能毁掉这个人。

千万不能心存报复

那是几年前的事了,那天晚上,我在黄石公园和很多观光客一起坐在露天的座位上,静静地观望着茂密的森林,希望能够一睹被称为"森林杀手"的灰熊的风采。我们的等待很快就有了结果,一只体型庞大的灰熊从森林中走了出来。它慢悠悠地向旅馆走去,并且开始在垃圾中翻找食物。

这时,旁边的森林管理员和我们聊起天来。他告诉我们,在美国西部,灰熊几乎称得上是百兽中的霸主,可能只有美洲野牛和阿拉斯加熊才能和它一争高下。正当这位管理员称赞灰熊的强大时,我却突然发现有一种动物单枪匹马地跟随在灰熊左右,而且它居然还敢在灰熊的眼皮底下抢夺食物。更加让我惊奇的是,那只灰熊明明知道只需一掌就可以结束那只可恶的小家伙的命,但它却并没有那么做。当我仔细观察之后发现,灰熊是个聪明的家伙,因为那种动物是一只很臭的鼬鼠。

我终于明白灰熊为什么可以成为美国西部的霸主了,原因就是灰熊不仅凶猛异常,而且还十分聪明。经验告诉它,去报复那只抢夺食物的鼬鼠,这真的是一件很划不来的事情。在这一点上,我和灰熊的想法是完全一致的。我是一个在农场长大的孩子,也曾经在围篱旁捉到过一只臭鼬。后来,我在纽约的街道上也碰见过这种两条腿的小家伙。但是,无论哪次经历对我来说都不是愉快的,所以我永远不愿意去碰它,即使它挡住了我的去路。

女士们,我讲这个事例的用意无非是想告诉你们,在生活中我们经常会遇到像臭鼬一样讨厌的家伙,那就是我们的"敌人"。事实上,我非常清楚地知道,很多女士在面对自己的敌人时,并不能像灰熊那样做出十分准确和明智的选择。她们常常会选择一掌拍死那个可恶的家伙。

我可以肯定地说,大多数女士其实并不知道报复会对自己造成多大的伤害,但我是非常清楚的。两年前的一个周末,我和太太正在家里的厨房享受美味的早餐。突然,一位朋友来电话通知我,让我和我夫人一起去参加琳达女士的葬礼。当时我简直不敢相信自己的耳朵,因为就在前几天我和夫人还去她家拜访,并邀请她到我家共进晚餐。

葬礼结束后,我向琳达的丈夫约翰问起她的死因。约翰悲痛地说:"我真的很爱她,你要相信我!"我点了点头,说:"我知道,请你冷静一下。"约翰说:"事实上,她早就得了严重的心脏病,医生告诉她一定要卧床休息,千万不要对任何事情动怒。可是,她一点都听不进去。今天早上,邻居把杂草堆在了我家院子的栅栏旁边。我知道,他们不是故意的,而且很快就会把杂草收走。可是我妻子却认为受到了侮辱,非要把垃圾丢到人家的院子里以示报复。后来,邻居和我太太吵了起来。也许是太激动了,我太太一头倒在了地上,再也没有起来。医生告诉我,她是死于心脏衰竭。"

难以置信,可怜的琳达女士居然因为那份不值得的报复心而失去了生命,我真的感到十分惋惜。后来,我特意查找了一些相关的资料,发现琳达女士的死亡并不是一件偶然的事情。在《生活》杂志上明确地记载了报复给人的健康带来的危害,上面说:"仇恨是高血压患者最主要的个性特征。长期的愤恨会造成慢性高血压,继而引发心脏疾病。"

现在，我真的找不出一丝理由让我们对敌人心存报复。女士们，你们必须牢记，当我们对所谓的敌人心怀仇恨时，无疑是给他们控制我们的胃口、睡眠、血压、健康乃至于心情的机会。可以想象，当那些敌人知道我们为了报复他们而产生巨大的烦恼时，他们一定会拍手称快，高兴得要死。事实上，憎恨伤不了敌人一根汗毛，反而会把我们自己拉进地狱。

记得有一次，我经过纽约警察局，在大门口的布告栏上看到了这样一段话：不管是谁占了你的便宜，你都可以把他从你的朋友名单上除名，但你千万不能心存报复。一旦你有了这种心理，那么对你自己的伤害绝对是比对别人的伤害大得多。

我认为纽约的警察是非常聪明的，因为他们知道报复心理对人的危害性。耶稣曾经教导每个人去爱自己的敌人，当然也包括女人。其实，耶稣是在帮助各位女士，他不希望你们自己毁掉自己美丽的容貌。事实上我们都见过，一些人因为怨恨和报复，使得那些可怕的皱纹布满自己的脸庞。我相信，就是再好的外科整形手术也无法挽救，因为那些东西永远赶不上因为爱、温柔和宽恕所形成的自然容颜。

坦白说，所有成功人士都十分清楚报复心理的危害，因此他们从来不对任何人心存报复。有一次，我问艾森豪威尔将军的儿子，问他父亲是否有憎恨的人。他回答我说："不可能，我父亲从来不愿意去浪费哪怕一分钟的时间去想那些他不喜欢的人。"而曾担任美国六任总统顾问的巴洛克先生在面对同样的问题时，回答说："我不是傻瓜，从来没有任何人能够从真正意义上对我进行侮辱或是困扰我的生活。为了我的健康和幸福,我从来不允许他们这么做。"

是的,我非常赞成巴洛克的话。事实上,也从来没有人能够真正地侮辱和困扰各位女士们,当然除非她们出于自愿。

我想,很多女士都会把英国护士爱迪丝·卡韦尔看成心目中的英雄,因为她为了收留和照顾受伤的英国士兵而被德国人抓了起来,并于1915年10月12日在德军阵营中被害。有人曾经给我讲述过有关她的故事,那是一个很感人的故事。

就在爱迪丝·卡韦尔即将行刑的那天早上,德军阵营中的一位英国牧师来到她的监狱中给她做最后的祷告。在祷告开始前,卡韦尔说道:"直到今天我才明白,爱国是没有错的,我们每个人都应该热爱自己的祖国,但是光有一份爱国情操是不够的。我现在应该做的是,不对任何人怀有怨恨或是愤怒。"后来她的这句话被刻在了伦敦卡韦尔的雕像上。我住在伦敦的那一年,经常去她的雕像前读她这句话,时刻提醒自己不应该对别人心存报复。

在我的培训课上,很多女士都告诉我,其实她们也一直都饱受报复心理的折磨,不过她们并不知道该如何让自己不再受这种折磨。这时,我总是会给她们讲一个黑人女教师的故事。

第一次世界大战的时候,新泽西州有人散布谣言说,德军为了打击美国,将会策划一场黑人叛变。当时,一位名叫罗琳的黑人女教师被指控发动叛乱,并被当地政府判处死刑。事实上,罗琳确实是在策划一场黑人"叛变",但那是为了自由而战,并不是为了德军。当一群情绪激动的白人把教堂团团围住时,他们听到里面传来了罗琳的声音:"每个人的生命都是一场战斗,所有的黑人们都应该拿起武器,为了我们的生存和成功而战。"

罗琳的话显然激怒了那些白人，几个白人青年冲进了教堂，把绳索套在了罗琳的脖子上，并且把她拖到了一英里外的绞台上。正当他们准备绞死罗琳，然后再烧死她时，突然有人喊道："我们应该让她说话，否则她不会心服口服。"

每次我讲到这儿的时候都会停下来，然后问问在场的女士们，如果是她们，当时会说出什么样的话。很多女士告诉我，他们会大骂那些暴徒，然后为自己的立场进行辩护，接着就是把最恶毒的诅咒送给那些想要绞死她的人。我对那些女士们说："如果当初罗琳也是这样做的话，那么那些情绪激动的白人青年一定会马上绞死她。"事实上，罗琳当时并没有辱骂那些激动的人们，只是很平静地和他们谈起了自己的奋斗史，而且还对那些曾经帮助过她的人表示感谢。很多人看到罗琳居然没为自己求情，而为自己的使命求情的时候，他们开始反思自己的行为。最后，一位老人说："我相信这位年轻姑娘的话，因为她说的那些事都是真的，这是我几个朋友告诉我的。我认为，我们应该支持她这种善事，我们现在的做法是错误的。我们不应该绞死她，而应该帮助她。"最后，在老人的倡议下，大家不仅释放了罗琳，而且还为她募捐了52美元的慈善基金。

这件事过去以后，有人曾经问罗琳，当时她是不是很恨那些要绞死她的人。罗琳回答说："不，你错了！我当时根本没有时间去憎恨那些人，因为我忙着告诉他们一些比我的生命更重要的事情。当时，我根本没空去争吵，更不会有时间去后悔。我要让所有人都知道，没有一个人可以强迫我去恨那些人。"

第二章
平安快乐的要诀

快乐就是健康，忧郁就是疾病。

——〔美〕马克·吐温

选好自己的伴侣

我想，对于一位女士来说，什么事也比不上选错自己的伴侣更加可怕。的确，每个女人都希望自己能有一个好的伴侣，也都希望这个伴侣可以陪伴自己终生。然而，很多女士在婚后却发现，自己当初的选择和决定其实是错误的。诚然，这种事是不能完全把责任推给男人，因为他毕竟没有逼迫你和他结婚，只不过是因为你们自己没有足够的判断力。正因为如此，很多女士在发现问题以后，要么选择沉默忍受，要么选择反抗、离婚。

在医学界有一句俗语:"最好的治疗方法就是预防。"如果女士们能够加强自己的判断能力,使自己能够清醒地按照自己的意愿去选择伴侣的话,相信就不会有那么多不幸的婚姻了。

贝蒂是个漂亮迷人、思想前卫的女孩,喜欢刺激,渴望过那种天天都有激情的生活。因此,那些整天只知道上班、回家、干活的男人,她根本看不上眼。一个周末的晚上,贝蒂独自一人来到了她常去的"零点酒吧"。她喜欢到酒吧,因为这里会让她觉得生活充满了激情。贝蒂要了一瓶啤酒,找了一个空位子坐了下来。正当她打算休息一会儿就去跳舞的时候,突然发现不远处有一位男士正默默地注视着他。这位男士很英俊,也很有风度。贝蒂冲他点了点头,男子马上就走过来和她搭讪。就这样,两个刚刚认识的青年很快就熟悉起来。临分手时,男子还特意要了贝蒂的电话。

在接下来的几天里,贝蒂几乎每天都沉浸在惊喜与兴奋之中。因为那位男子向她展开了猛烈的攻势。不是给她送礼物,就是打电话约她吃饭。男士似乎是个诗人,因为他总是能说出一些让贝蒂高兴的话。最后,贝蒂终于决定和他结婚。

结婚的那天,贝蒂显得非常幸福,因为她似乎已经看到了婚后甜蜜的生活。她梦想着和丈夫每天都过着充满激情和刺激的日子,还梦想着可以去世界各地旅游……总之,她给自己以后的生活绘制了一幅美好的画卷。

然而,结婚以后,贝蒂却突然发现自己被欺骗了。原来,自己的丈夫并不是什么风度翩翩的绅士,而是一个喜欢吃喝嫖赌的无赖。他每天晚上都喝得烂醉如泥,回到家后连鞋都不脱就上床睡觉。他喜欢赌博,也因此输掉很多的钱。可是,他不但不知悔改,反而经常和贝蒂要钱，如果贝蒂不给，马上就破口大骂。最让贝蒂受不了的是，丈夫居然经常光顾妓院，有一次竟然还把一个妓女带回了家。最后，贝蒂实在忍受不了这种折磨，和她的丈夫离了婚。

可怜的贝蒂，我真为她的遭遇感到不幸。可是，这又能怪谁呢？如果贝蒂不是喜欢那种花言巧语、善于会讨女人欢心的男人，那么她也就不会被那个家伙华丽的外表所欺骗。因此，我首先要告诫女士的是，那种会讨女人欢心的男人往往都是"演技高手"，他们会在达到目的以前把自己伪装成世界上最好的男人。如果我是女人，我宁愿和那种不懂浪漫的男人在一起，也不愿意和那种油嘴滑舌的男人交往。

贝蒂遇到的是一种善于伪装自己的男人，因为她的判断能力不强，所以才导致自己选错了伴侣。然而，有些女士明知道对方身上有很多地方与自己不和，却偏偏还要固执地选择他。

威玛是个善良的姑娘，平日里对所有人都十分友善。他的现任男朋友托蒂是经别人介绍认识的，两个人在一起已经有3年了。在别人眼里，威玛和托蒂根本就不应该在一起。因为威玛对人和善，而托蒂却是个十足的坏小子。当两个人在街上看到乞丐时，威玛总是会拿些钱给他们，而托蒂不但不能理解这种行为，反而会把给出去的钱再抢回来。威玛喜欢小动物，家里养了一只狗、两只猫和三只小兔子。可是托蒂并不喜欢，有一次还居然扬言要杀了那只狗，因为它弄脏了他的裤子。此外，很多很多事情都表明：威玛和托蒂太不合适了，即使两个人结了婚也不会有幸福。可是，善良的威玛坚信，自己一定可以改变托蒂。最后，威玛和托蒂还是结了婚。

本来，威玛认为结婚后的托蒂一定会有所收敛，可不想他更加变本加厉。他不光阻止威玛给乞丐钱,而且还把家里所有的小动物都扔了出去。托蒂还警告威玛,让她以后不许随便和邻居们说话,因为那些人都是可恶的势利小人。威玛虽然想尽了各种办法,但却始终都不奏效。无奈,威玛只好选择放弃,默默忍受着托蒂对她的折磨。

这是一个真实的故事,因为威玛是我的一个远房亲戚。有一次我在纽约见到她,她显得非常疲惫,而且也很瘦弱。当我问她现在过得如何时,她回答我说:"没有什么变化,也不可能有什么变化。我能怎么办?我只能默默忍受。"

是的,善良的威玛只能选择忍受,因为她的确没有办法改变现实。如果当初她不是抱着婚后改变托蒂的想法,相信她也不会落得如此下场。

贝蒂和威玛这两位女士都是因为判断力出现了问题才导致自己婚后的生活不幸福的,然而有些女士则是因为对自己的判断太过自信,才使得自己与幸福的生活擦肩而过。

一天晚上,我太太以前的一个邻居突然到我家来拜访,按照辈分来说,我们应该叫她劳拉姑妈。劳拉姑妈已经60多岁了,不过她一直没有结婚。这位姑妈年轻的时候是个标准的美人,曾经有很多男人都追求过她,但都被一一拒绝了。并不是我们的劳拉姑妈不想结婚,而是因为那些男人都不符合她的要求。

劳拉姑妈喜欢读言情小说,因此在她看来,只有嫁给小说中男主角那样的男人才算是幸福的。不过很可惜,那些求婚者都不符合这个条件。这些人不是太高了,就是太矮了;不是太胖了,就是太瘦了;不是长得太丑,就是家里没钱,总之没有一个能达到劳拉姑妈的要求。就这样,劳拉姑妈耐心地等待着"白马王子"的出现。不过很可惜,直到现在她也没有达成愿望。如今,劳拉姑妈也对自己当初的做法感到后悔,她对我太太说:"陶乐丝,当初我的想法真的有些幼稚,以至于让我错过了很多机会。现在想想,那个铁匠的儿子还是很不错的,还有那个皮货商。对了,你叔叔当年也很优秀。可是,当时我一心想找'白马王子'。"

女士们,请不要对你的伴侣过于挑剔,十全十美的男人是没有的。小说中的人物都是虚构的,在现实生活中是不可能找到的。

那么,究竟怎样才能使自己拥有一双"明辨是非"的眼睛呢?我这里有几点建议,应该可以帮助女士们选择一个好的伴侣。

如何选择一个好的伴侣
- 看他生活用品的使用情况;
- 观察他所结交的朋友;
- 看他是如何与孩子相处的;
- 看他是否有时间观念;
- 听听他最爱说什么;
- 看他如何评价前任女友;
- 看他如何对待母亲;
- 观察他怎样看待金钱;
- 了解他的工作态度;
- 体会他心理是否健康。

女士们首先要看男人生活用品的使用情况,看看他们的家是否凌乱不堪。如果答案是肯定的,那么女士们最好在结婚前做好思想准备，考虑一下自己是否可以和一个不爱整洁的男人生活在一起。其次，女士们还要观察他所结交的朋友，因为一个人的品质高低可以通过他所交的朋友看出来。此外，如果一个男人身边有太多的女性朋友，那么女士们就该慎重考虑一下了。

除了看朋友之外，女士们还可以看他是如何与孩子相处的，因为一个能够和小孩子相处得很好的男人，将来一定会是一个好父亲。相反，一个对小孩子十分厌烦，而且不愿意与小孩子亲近的男人，一定不会是个好父亲。

如果他和你约会每次都迟到，那么就可以证明你在他心中位置并不重要。因为与其他事情相比，和你约会这件事应该排在后面。

聪明的女士还可以通过一个男人最喜欢谈论的话题来判断他的个性。如果他喜欢谈家庭，那么就证明他是个顾家的人；如果他希望你能够和他一起分担痛苦，那么就是个比较自私的人。如果是那种目空一切的男人，最好离他们远点。

女士们可以通过男人是怎样评价别人的来对他做进一步的了解，特别要注意他如何评价前任女友。因为尊重以前女友的男人才是大度的，如果他刻意诋毁前任女友，那女士们还是小心为妙。

还有一点，女士们应该细心观察男人对母亲的态度。一个男人对她母亲的态度可以直接反映出他对女性的态度。如果他对母亲十分好，那么就说明他比较尊重女性。不过，你们需要注意的是，如果他对母亲言听计从的话，则表明他很有可能有很强的依赖性。

此外，女士们还要观察男人对待金钱和工作的态度，因为这些可以折射出他对待爱情的态度。最后，你们要千万切记，一定要细心观察他的心理是否健康。

如果女士们想让自己选择一个优秀的伴侣，那么就请你们牢记我的意见。

做自己喜欢的事

艾瑞是一家公司的职员。一天，她回家的时候显得非常疲惫。是的，她太累了，感觉头疼、背疼、没有食欲，唯一想做的就是上床休息。母亲心疼艾瑞，一再劝说她还是吃一点。没办法，艾瑞只好坐在餐桌前，象征性地吃了几口。这时，餐厅里的电话突然响了起来，原来是艾瑞的男友邀请她去跳舞。再看看这时的艾瑞，完全变了一个人。她兴奋地冲上楼，穿上漂亮的衣服，飞一般地冲出门去，一直玩到凌晨3点才回家。她不但没有感到疲倦，反而是兴奋得睡不着觉。

女士们可能会问，究竟是什么原因让艾瑞在瞬间就产生了两种截然不同的表现呢？难道说之前艾瑞的疲倦是装出来的？当然不是。艾瑞对她的工作不感兴趣，产生了厌倦感，所以她感到非常的疲倦。然而对于男朋友的盛情邀请，艾瑞则是兴趣十足，所以她才会显得非常兴奋。因此，我们不妨下这样一个结论：引起疲劳的一个主要原因就是倦怠感。

事实上，在这个世界中有很多个艾瑞，也许你就是其中一员。与生理上的操劳相比，情绪上的态度更容易使人产生疲倦感。我并不是毫无根据地在这里乱下结论，早在几年前，著名的心理学家约瑟夫·巴莫克博士就已经通过实验证明了这一点。

博士找来了几个学生,让他们做了一系列枯燥无聊的实验。结果,学生们都觉得烦闷、想睡觉,有的还说自己感觉头疼、心神不宁,甚至胃不舒服。可能有些女士们会认为这些症状都是因为倦怠而想象出来的,事实并非如此。博士还给这些学生们做了新陈代谢检测,检测结果显示:在这些人感到厌倦的时候,体内的血压及氧的消耗量都有着明显的降低。同样,一份无趣的、缺乏吸引力的工作往往会促使代谢现象加速。

可能一个实验不能使女士们信服,但我是相信的,因为我曾经有过亲身经历。一年前,我独自一人到加拿大洛基山中的路易斯湖畔度假。为了能够钓鱼,我不惜穿过高高的灌木丛,跨过无数个倒在地上的横木,最后到达珊瑚湾。想象一下,8小时的颠簸啊,这需要消耗多大的体力。然而,我却没有一丝的疲惫感。为什么?因为我在路上一直都在想:"我马上就能钓到好几条肥美的大鳟鱼了!"正是这种兴奋的心情使得我不知疲倦。可是,如果我对钓鱼没有一点兴趣的话,那恐怕就会是另一种场景了。在一座海拔达7000英尺的地方来回奔走,这的确是一件累人的事情。

很多女士都把登山看成是一件非常消耗体力的事情,认为在所有体力劳动中这是最累人的。然而,储蓄银行的总裁基曼先生却对我说,其实登山一点都不累人,相反厌倦感才更容易使人劳累。

那是"二战"后的第10个年头,加拿大政府委派登山俱乐部提供一些指导人员,负责训练维尔斯亲王的森林警备队。当时,我们的基曼先生就是指导员之一,那时他已经有50多岁了,而其他指导人员的年龄也都在40岁以上。

艰苦的训练开始了,他们走过很多险峻的地方,进行了15个小时的登山活动。最后，那些年轻的队员全都疲惫地坐在地上休息。

是不是真的因为体力不支而感到疲惫？难道我们的皇家警备队就如此不济吗？不，答案显然不是。这些人不喜欢爬山，早在一开始就有人吃不饱、睡不香，这才是导致疲劳的原因。再看看基曼先生和他的伙伴，他们都是"老家伙"了，体力比年轻人差得远，可是他们却没有筋疲力尽。他们有些兴奋，晚饭后还一直谈论着白天遇到的事情。事实上，因为他们喜欢爬山，所以才不会觉得累。

事后，基曼先生对我说："如果说是什么导致人们的工作能力降低，那么答案恐怕就只有厌倦。"

如果女士们不是一个体力劳动者，那么你们的工作更不可能让你觉得疲劳。实际上，那些已经完成的工作并不会使你疲劳，相反那些没有做的工作却始终困扰着你。比如，昨天你的工作老是被打断，很多事情都进展得非常不顺利的话，那么你一定会觉得所有的事都出了问题，因为你感觉这一天你没有做任何工作。这样，当回家的时候，你就感觉到自己已经身心疲惫到了极点。

到了第二天，办公室里的工作突然一下子变得顺利起来。于是，你完成了比昨天多几倍的工作，可是你回到家的时候依然神采飞扬、精力充沛。我相信很多女士都有过这种经历，我也有过。因此，我们可以断定，疲劳往往并不是因为工作而引起，实际上罪魁祸首是烦闷、不满和挫折。

那么究竟该怎么做才能克服这种厌倦感呢？其实很简单，那就是做自己喜欢做的事。只要你能在工作中体会到乐趣、成就感和满足感，那么你就不会感到疲劳了。很多女士会认为我的说法是一种理想主义，因为并不是所有人都能找到一份自己喜欢的工作。的确，很多工作都是枯燥乏味的，但这并不代表它不能给你带来乐趣。速记员大概是世界上最枯燥的工作了，然而有人却能从中体会到乐趣。

有位女速记员在一家石油公司工作。她每个月总有很多天要处理一些乏味无聊、令人厌烦的东西，比如填写租约的表格或是整理一下统计的资料。这些工作简直无聊透顶，因此她不得不想办法改变工作方式，以便使她有兴趣干活。于是，她把自己当成对手，每天都进行比赛。中午的时候她会记下上午填了多少表格，然后告诉自己下午一定要尽力赶上。下班前，她再把一天的工作量全都计算出来，然后敦促自己第二天一定要想办法超过它。结果，她比其他任何一个速记员做得都要快。

虽然这位女速记员没有得到老板的称赞，也没有加薪，但是她却从此不再感觉疲劳，而且这种方法也对她产生了鼓励作用。她采用巧妙的方法使原本枯燥的工作变得有趣，而且也使自己充满了活力，于是在那一段时间，她从工作中得到的是快乐与享受。

维莉小姐也是一位速记员，每天也做着枯燥乏味的工作。一天，一个部门的经理要求她把一封很长的信重打一遍，维莉当然极不情愿。她告诉那位经理，重打这封信是在浪费时间，因为只需要改几个错别字就可以了。然而那个经理也很固执，非要坚持自己的做法，并表示如果维莉不愿意做，那么他就会找别人做。无奈，维莉只好答应经理的要求，因为她不想让别人趁机取代了她的工作，而且这份工作本来就该她干。于是，维莉没有了怨言，就试着让自己喜欢这份工作。开始的时候，维莉很清楚自己是在假装喜欢自己的工作，然后过了一会儿她就发现，自己真的开始有点喜欢了。同时，她还发现，一旦自己喜欢上了这份工作，很快就使工作效率有了很大的提高。正是在这种心态的作用下，维莉总是能用很短的时间处理好自己的工作。后来，公司的老总把她调到自己的办公室做私人秘书，因为他看到维莉总是高高兴兴地去做额外的工作。

其实，维莉小姐的做法与著名的哲学家瓦斯格教授的"假装哲学"不谋而合。瓦斯格教授曾经说："如果我们每个人能够假装自己快乐，那么这种态度往往会让你变得真的快乐。这种做法可以减少你的疲劳、紧张和忧虑。"

著名的新闻分析家卡特本曾经在法国做推销员。当时，他这个不懂法语的外乡人必须在巴黎挨家挨户地推销那种老式的立体幻灯机。在别人看来，他的推销工作一定更加困难，至于说业绩，实在难以想象。然而，卡特本却在做推销员的那一年足足赚了5000法郎，是当时法国年薪最高的推销员之一。卡特本说，那一年的收获比他在哈佛读一年大学还要多。如今，他完全可以把国会的记录卖给一位巴黎妇女。

当然，在这其中卡特本付出了比常人多几倍的努力。然而，他之所以能够突破重重困难，就因为他一直有这样一个信念：我一定要让自己的工作很有趣。每天早上，他总会对着镜子说："卡特本，如果你想要生活的话就必须做这份工作，既然必须做，那么为什么不让自己快乐一点呢？当你敲开别人的大门时，何不把自己当成一名出色的演员，而你的顾客就是你的观众？你所做的一切就像是在舞台上表演，你应该把兴趣和热诚投入其中。"正是有这些话的不断鼓励，才使他原本讨厌的工作变成了有趣的探险，这的确让人有不小的收获。

在一次采访中，我问卡特本先生是否有什么话对青年人说。他想了想，说道："每天早上都不妨自言自语一番。我们需要的是精神，是智力上的活动。因此，每天都不妨给自己打打气，让自己充满信心。"

的确，卡特本先生的话很有道理。如果我们每天都能和自己说说话，那么就可以逐渐让我们明白究竟什么是勇气，什么是幸福，什么是力量。这样一来，你的生活就会变得非常愉快，不再有任何的烦恼。

我想我们有必要温习一下如何克服厌倦感的方法，因为这对女士们的确有很大的帮助。

如何克服厌倦感
- 自己和自己比赛；
- 假装自己快乐；
- 每天都鼓励自己。

拥有点闲暇时间

在很久以前，我曾是一个被忧虑困扰的人。特别是在我的事业刚刚起步的时候，我每天都被工作拖累得疲倦不堪。虽然当时我知道这种状况不会持续很久，但我也必须承认，那段时光真的让人不堪回首。也许，人只有在经历过一些事情以后才能真正的成长。我想，如果那时的我有如今的心态，相信也不会每天过得那么狼狈了。

女士们可能不知道我在说什么？我知道，很多女士，特别是那些职业女士，她们每天的日程表都被安排得满满当当的。她们需要很早起来，因为做早餐是她们一天的第一项工作。接着，她们还要收拾餐具，然后再匆匆跑出家门。在单位熬了8个小时之后，她们拖着疲惫的身子回家了，可是依然不能休息。因为她们要做晚饭、收拾房间，有时还要洗衣服。这些女士大概是世界上最忙的人了，因此在他们的时间观里根本没有闲暇时间这个概念。当然，快乐这个词更加不会和她们扯上任何关系。她们最要好的朋友就只有忧虑。

有一次，我到巴黎去拜访我的一个远房表姐。我们已经有很多年没见了，表姐是在我12岁的时候嫁到巴黎的。表姐对我的到来感到非常高兴，还吩咐仆人要好好招待我。我发现表姐消瘦了许多，而且眼睛里也没有了昔日的光彩。我也很长时间没见她了，所以有很多话想要和她说。可是，表姐似乎并不愿，因为我的到来而打乱了她原本的计划。

我到她家的时候已经是傍晚了，可表姐似乎正打算出去。一阵寒暄之后，表姐对我说："戴尔，你在家里先休息一下好吗？我必须得走了，因为我要去参加一个很重要的课程。"我点了点头表示理解。于是，表姐匆匆忙忙地跑出了家门。

吃完晚饭后，我和表姐家的老仆人聊起天来，问他表姐最近过得如何。老仆人告诉我，表姐最近过得很累，因为她丈夫已经失去了那份体面的工作。现在，她不得不和丈夫一起承担养家糊口的责任。虽然她不需要做家务，但是她总是会利用一切时间去赚钱。刚才她就是跑去给一个小女孩上钢琴课。我觉得很吃惊，就问："难道我表姐没有闲暇时间来放松自己？"老仆人叹了口气说："如果睡觉不是必须要做的事情，恐怕太太会选择一天工作24个小时。"这下我终于明白为什么我觉得表姐变了许多，原来这一切都是忧虑造成的，而导致忧虑产生的罪魁祸首就是"没有闲暇时间"。

亚里士多德曾经说过："人唯独在闲暇时才有幸福可言，恰当地利用闲暇时间是一生做人的基础。"的确，闲暇时间对于我们每一个普通人来说都是至关重要的，各位女士也同样不例外。新泽西公立医院的精神科主治医师约翰·克雷曾经说："人的精神如果总是处于紧张状态的话，很容易导致各种精神疾病的产生，而合理充分地利用闲暇时间则是缓解精神紧张的最佳方法。随着社会环境的变化，人们面临的生存压力也越来越大，因此很多人开始忽视闲暇时间。他们把享受闲暇时间看成是一种浪费生命的行为，认为那种做法会让自己陷入困境。实际上，为了能够适应整个社会环境，人们必须学会给自己减压，也必须让自己得到放松。否则，压力会让你精神衰弱、情绪紧张，继而会剥夺你的快乐和幸福。"美国国家疾病研究中心的研究人员经过研究发现，一个人每天至少需要有1到3个小时的时间来做一些没有压力，轻松愉快的事情。如果没有这1到3个小时，那么人就容易变得焦躁不安、精神脆弱，甚至还会引发自杀倾向。此外，如果人的压力长期不能得到释放，那么就很容易给人造成心理上的负担，从而让人产生疾病，诸如胃溃疡等。而这些疾病其实是完全可以避免的，因为它们来自病人的心理。

相信现在女士们应该理解我在本文开头所说的那段话了。是的，那时候的我也不知道闲暇时间的重要性。为了实现自己的目标，我需要每天查找大量的资料，同时还要抽时间拜访很多人。我每天的工作时间超过了15个小时，同时还要再另拿出一到两个小时来备课。我真不知道自己当时是怎么过来的，只记得那时的我没有一天感到快乐。

如果我能在那时想办法让自己拥有点闲暇时间，相信我也不会感到那么累。同时，我必须承认，那时候我的事业开展得并不顺利，因为我经常会发昏地不知道自己在做些什么。这些责任都该归咎于无休止的工作，要是我能早一点领悟，说不定会做得更漂亮一些。

我走过的弯路不希望女士们再走，因此我恳请女士们接受我的建议。不管你们身上的担子有多重，也不管你们每天的工作有多忙，善待自己，让自己拥有点闲暇时间是一件非常重要的事。

有一次，当我在课堂上说出这句话时，一位女士马上就站起来反驳我的观点。这位女士大声对我说："卡耐基先生，你不觉得你的这种说法太理想化了吗？闲暇时间，难道我们不愿意享受生活吗？可现实是不允许的。我和丈夫住在一间公寓里，那个该死的房东每个月都会准时地来收取房租。此外，水费、电费、煤气费、孩子的教育费以及其他日常开支，哪一项不需要钱？难道像你说的，我们每天都给自己找出几个小时的休息时间，就能让自己过得快乐？笑话，当你看到我们房东那张可恶的脸的时候你就不会这么认为了。如果我有一个月不上班，那我们家肯定会陷入财政危机的。"

面对这位女士咄咄逼人的提问，我丝毫没有感到愤怒，也没有一丝的惊讶，因为我知道这正是很多职业女性所遇到的难题。于是，我问这位女士："那你每天下班之后没有时间吗？"那位女士有些不高兴地说："难道你认为一个女人不做家务是应该的事情？准备晚餐、洗衣服等家务活，哪一项不需要花费时间？通常，干完所有的事以后，已经是很晚了。哪还有什么时间来享受生活？至于说周六周日，更谈不上休息。因为平时没有时间，所以我们只好在休息的时候来一次大扫除。"我笑了笑说："我妻子和你的情况是一样的，但她总是会在8点以前就做完所有的事情,而且每周末也不需要搞什么大扫除。"那位女士显然不相信我的话,于是我接着说:"我妻子买了一台洗衣机,虽然那会花一些钱,但绝对物有所值。她每天回家之后总是会先把该洗的衣服放在洗衣机里,然后着手准备晚餐。吃完晚饭后,她会借收拾餐桌的机会再清理一下家中的杂物。等到第二天早上,她只需要准备早餐,然后再简单做一些清洁工作就可以了。因此,我太太从来没有遇到过你的问题,因为她把一切都安排得很有秩序,而且她处理事情的效率也很高。"那位女士显然明白了我的话,因为她冲我做出了一个恍然大悟的表情。

女士们,合理地安排时间,有秩序地处理手头的工作是提高你的工作效率的最佳办法。只要工作效率提高了,那么拥有闲暇时间就不是一件不可能的事。如今,科学技术每天都在以惊人的速度发展,许多帮助人干活的机器都被发明出来。可能这些东西比较贵,比如电冰箱、洗衣机、吸尘器等,女士们会认为没有必要花钱购买。然而,我认为女士们大可不必这样想。如果让我花很少的钱来换取快乐的感觉,那么我会毫不犹豫地选择。倘若女士们非要算一笔经济账的话,这种投资也是很有价值的。道理很简单,这些机器为你节省了很多时间,使你能够得到充分的休息和放松。这样,你就会有愉快的心情和充沛的精力去迎接新的工作了。这无疑是一种最明智的选择。

不过,必须注意的是,并不是拥有了闲暇时间就达到我们所要的效果了。事实上,如果女士们不能把这些闲暇时间充分利用的话,那么还是无法起到事半功倍的效果。因此,有了闲暇时间之后,女士们面临的又一个问题就是如何充分合理的利用闲暇时间。

对于这一问题,我无法给女士们一个确切的答案,因为每个人的情况都是不一样的。不过,但凡那些在事业上取得成就的人,都有一个利用闲暇时间的秘诀。享有盛名的"奥林比亚科学院"是由爱因斯坦组织的,这个学院每天晚上都会召开一个例会,而这段开会的时间对于爱因斯坦来说就相当于是闲暇时间了。不过,爱因斯坦很聪明,经常在会上为参加者准备一些上好的茶。于是,他们这些科学界的泰斗在一起边品茶,边讨论,很多非常重要的科学创见都是在例会上产生的。

实际上,爱因斯坦是把闲暇时间转变为工作时间了,只不过是更换了工作场景。然而,虽然同样是工作,但爱因斯坦在例会上得到了放松,而且还受到了不少启发。应该说,爱因斯坦利用闲暇时间是成功的,因为他已经达到了自己的目的。

那么女士们究竟应该怎么做呢?很简单,找一些自己最感兴趣的事情。如果你喜欢文学,那么就利用闲暇时间多读读书;如果你喜欢音乐,那么就利用闲暇时间多听听歌;如果你喜欢诗歌,那么不妨在闲暇的时候写上一两首诗;如果你真的是太疲惫不堪了,那么你就不妨美美地睡上一觉。总之,利用闲暇时间的一个准则就是:让自己获得愉快的享受。当然,如果你的行为可以让你从一个侧面充实自己的话,那就更加完美了。

不要苛求别人的感恩

前一段时间我去纽约拜访了罗琳太太,一个整天生活在忧虑之中,抱怨自己太孤独的老妇人。在到达她家之前,我就已经做好了心理准备,因为我必须耐下心来去倾听这位女士的诉苦,而且我的耳朵还要忍受那些已经讲过很多遍的故事的折磨。但是即使这样,我也必须前往,因为罗琳太太是我的朋友,我必须帮助她从忧虑中解脱出来。

谈话开始了,罗琳太太又给我讲述起她的过去。她不厌其烦地告诉我,在她侄子小的时候,她是怎样尽心尽力地照顾他们,是怎样的百般疼爱他们。那时候她还没有结婚,但她把自己女性天生的母爱全都给了他们。直到她结婚前,那些孩子都一直住在她的家里。孩子们有病的时候,她无微不至地呵护他们,后来甚至于资助一个侄子完成了大学学业。

每当说到这儿的时候,罗琳太太总是很伤感地说:"他们太令我失望了,因为他们似乎并不感谢我给他们的恩情。你知道吗?我的那些侄子现在根本就不在乎我这个老太婆。他们虽然来看我,但那并不是经常,而且他们从来不像你这样,能够耐心地听我讲完所有的故事。我知道这很烦人,可这一切都是事实啊!那些可怜的孩子从来不考虑我的感受,因为他们根本不认为我对他们有一丝的恩情。"

我笑着看了看罗琳太太,然后对她说:"是的,罗琳,我知道你每天的生活真的很枯燥,所以我这次给你带来了一个很有趣的故事。前几天我在街上遇到了一个朋友,我一眼就能看出来他有心事。当我们在一家咖啡馆坐下来谈话时,他终于把他的心事告诉了我。原来,就在去年的圣诞节,他给他的员工发了10000美元的奖金,每个员工差不多分到了300多元呢。可是,让我这位朋友气愤的是,居然没有一个人说过任何感谢的话。他现在真后悔当初给那些人发奖金。"

"天啊！这是去年圣诞节的事吗？马上就快一年了！"罗琳太太惊呼道，"我觉得你的朋友很不明智，他真的没有必要将一年的时间都浪费在生气上。事实上，他怎么不问问人家为什么不感谢他？也许真的是因为平时的待遇就不高，而且工作时间还很长。再说，也完全有可能是员工把圣诞奖金看成是他们应得的一部分。要是我我绝对不会那么傻。"

我马上对罗琳太太说："您为什么不把您的侄子们看成是我朋友的员工呢？"

从那以后，罗琳太太再也没向任何人提起过那些陈年旧事，而且她也不再认为侄子去看望她是一件顺理成章的事。不过，罗琳太太现在变成了一个快乐的人，因为她不再苛求别人感恩。

女士们，我相信你们其实和罗琳太太以及我的那位朋友一样，都希望别人能够对你的付出做出回应，也就是希望别人能够对你感恩戴德。可是我必须很遗憾地告诉女士们，忘记恩情实际上是人类的天性。英国的约翰逊博士曾经说过："感恩是那些有教养的人才有的美德，你不要去指望从普通人的身上找到。"我想告诉女士们的是：如果你苛求别人的感恩，那么你就犯了一个很常识性的、一般性的错误，因为你真的太不了解人性了。

我不知道对于一个人来说，什么样的恩情能比拯救他的性命更重。我夫人的一位律师朋友莱斯说，她曾经不遗余力地帮助过80个罪犯，使他们免受死刑的惩罚，没有坐上那张可怕的电椅。可是令人啼笑皆非的是，在这80名罪犯中，居然没有一个人曾经对她表示过感谢,就连在圣诞节寄一张卡片都没有。而我夫人却对莱斯说:"你应该知道,耶稣曾经在一个下午让10个瘫痪的人重新站立起来。然而,最后只有1个人回来对他表示感谢,因为剩下那9个人全都跑得无影无踪。"我对我太太的智慧表示钦佩,因为既然圣人都不能得到别人的感恩,那我们这些凡夫俗子凭什么要求那么多?

有必要告诉女士们的是,我很庆幸当初能够及时地帮助罗琳太太改变她的态度,因为她的医生告诉我,她已经患上了很严重的心脏疾病,而且这是情绪性的。也就是说,如果罗琳太太依旧那样孤独和忧虑的话,恐怕我又要失去一位朋友了。

女士们,你们一定想知道应该如何解救自己,如何让自己变得快乐起来。我可以告诉你们一个秘诀,那就是把一切都看得自然一些,不去奢望以自己的力量改变现实。

很多女士肯定会认为我这是一种理想化的想法,是不切实际的,而且对它是否能产生预期的效果表示怀疑。我可以肯定地回答你们,这是使你获得快乐最好的也是最有效的方法。这一点我是有事实为证的,因为我父母就是这样做的。

我父母都是很乐于助人的,尽管我们很穷,但他们每年都要从我们那微薄的收入中挤出一点来救济一家孤儿院。有人可能会认为我父母这么做是为了换取好的名声,事实上他们从来没有去过那家孤儿院。同时,除了会偶尔收到一两封感谢的信之外,从来没有人正正式式地对他们道过谢。但我父母从来没有奢求过什么,事实上他们很快乐,因为他们享受着那种帮助那些无助的孩子们的喜悦,但却从不苛求得到什么回报。

后来,我从家里出来了,到外面开始工作。我每年在圣诞节前后都会给我父母寄去支票，虽然那些钱并不是很多，但我只是希望能够让我父母买一些他们喜欢的东西。可是我惊讶的发现，他们并没有花这些钱给自己买任何东西，而是将钱换成了日用品，送给了那家孤儿院。当我问起他们为什么这么做时，他们告诉我，付出却不要求回报，这是他们认为的最大的快乐。

我越来越体会到，我的父母拥有伟大的智慧和高尚的人格，因为他们清楚地知道，要想使自己得到真正的快乐，那么就永远不要有想让别人感恩的念头，因为享受付出才是最快乐的。

实际上，有一点我非常清楚，那就是很多女士的抱怨都来自他们的孩子。因为对于母亲来说，子女不知道感恩是最令人痛心的事。如果我还在这里说忘恩是人类的天性，可能会显得有些不近人情，但我也必须告诉女士们，感恩的心是温室里的花，必须通过精心地培育才能成长起来。因此，作为母亲或是长辈的女士，你们有必要教育你们的孩子，让他们学会感恩，因为孩子必定是你造就的。

我的姨母是一个慈爱的母亲，也是一个孝顺的女儿。她从来没有和任何人抱怨过，说她的儿女如何如何不孝，如何如何不知道感恩。然而事实上，我的这位姨母已经自己居住了二十几年，但她的几个孩子都非常欢迎她，时常邀请她到家中居住。不过，子女们对我姨母这样并不是出于什么感恩的心，而是完全出自真正的爱。事实上，孩子们这种真正意义上的爱是从我姨母身上学来的。

我记得那时候我还很小，姨母就把她的母亲接到家中照料，同时还必须要照料她的婆婆。那些场景我到现在都不会忘记，两位老人安静地坐在壁炉前，默默地享受着生活。我必须承认，老人给我姨母添了很多麻烦，但我姨母从来没有一丝的厌烦，而是真心地对她们嘘寒问暖。事实上，那时候我姨母还必须分出很大一部分精力去照顾那几个孩子。但是，我姨母从来没有要求她母亲、婆婆或是孩子们感恩，因为在她看来，自己做的不过是应该做的事而已，这一切都是很自然的，也是她很愿意的。

我和女士们讲述这个故事的用意就是想要告诉你们，寻求快乐的最好途径就是不苛求别人感恩，只有把一切都看成是爱的付出，看成是最自然的事情，才会让你体会到人生的真谛。

女士们，这个故事实际上还传达了另外一种意思，那就是当你要求别人感恩的时候，你首先要做的就是让自己拥有一颗感恩的心。

很多女士在孩子面前很不注意自己的言行，经常诋毁他人的善意。新泽西有一个寡妇，她和她前夫已经有了3个孩子。丈夫死后，这个寡妇嫁给了一名普通工人，并且把自己的孩子也都交给了他。这名工人很辛苦，他一周的薪水不过才40美元。为了帮助寡妇的孩子上大学，他四处借钱，欠了很多债。尽管工人的生活很困苦，但他从来没有过一句怨言。

可是，有谁感谢过他吗？不，没有！他的所谓的太太把他的付出当成理所应当，经常在她的孩子面前说："这一切都是他应该做的，因为那是他的义务。"

后来，当这个寡妇老的时候，丈夫先一步离开了她，而她的3个儿子也都拒绝赡养她。当她哭哭啼啼地指责那些孩子不知道感恩的时候，孩子们给她的回答却是："我们为什么要感恩？我们都知道你确实是很辛苦地抚养我们，但难道那些不是你应该做的吗？"

这个寡妇犯下了一个相当严重的错误，那就是她不应该当着自己孩子的面对别人的付出表示冷漠，这样使得她的孩子不知道什么叫作欣赏和感激。我想，这个寡妇是世界上最不快乐的人，因为她在自己没有感恩的前提下，去要求别人感恩。不过，即使她对丈夫的做法心怀感激，她也不应该去苛求孩子们感恩，因为求得快乐的唯一途径就是不苛求别人感恩。

生活不能太单调

在我的训练班上，有很多被忧虑困扰的女学员。她们总是向我抱怨说："天啊！我的生活太枯燥了，简直没有一丝快乐可言。我每天都是重复做着那些既无聊又琐碎的事情，这种平凡单调的生活我简直不能忍受了。"每当遇到这种情况，我总是会问她们："女士们，你们是如何支配你们的闲暇时间呢？"这时，刚才那些还抱怨生活太单调的女士们马上就变得兴奋起来。她们有的说自己喜欢健身，有的说自己喜欢看电影，还有的说自己喜欢种一些花草。

有一位叫多莉的女士告诉我，她最大的爱好就是收藏有关介绍厨具的杂志。于是，我要求多莉女士给我介绍一下她的收藏成果。女士们，你们知道吗？这时候奇迹发生了。多莉女士没有再去抱怨什么单调的生活，而是非常兴奋和骄傲地给我介绍她所知道的有关厨具的知识。我清楚地记得，她那次说了很长时间，几乎给我介绍了世界各地的厨具。当介绍完的时候，多莉女士的脸上再也找不到忧虑的表情了，取而代之的是快乐、幸福和满足的表情。

我高兴地对多莉女士说："祝贺你，你已经战胜了忧虑，你现在可以不必再过那种单调的生活了。"多莉女士有些茫然地问我："卡耐基先生，我不明白你说的话？我更加不知道我做了什么？"我笑着对她说："我知道你的家境并不富裕，所以你没有足够的财力让你去享受娱乐，你的生活的确是很单调。我知道，作为一个已婚的女士有很多烦恼，诸如房子、食物和孩子等。可是，当你把精力全都投入到你所喜爱的事情时，你还有时间去考虑那些令你烦心的事吗？你的生活还会觉得枯燥单调吗？"

多莉女士会心地笑了，因为她终于明白该怎样让自己不再被忧虑困扰了。女士们，不知道你们对我的意见有何看法。我认为，平淡、乏味、单调的生活，永远算不上幸福美满的生活。不管你们的身份是什么，也不管你们的职业是什么，总之，女士们，如果你想让自己快乐、幸福，那么你就必须把自己的生活变得不再单调，因为对你的生活、工作乃于健康来说，单调都称得上是一个十足的冷酷杀手。

女士们，鼓起勇气吧，让你的生活变得丰富多彩，这会让你的大脑获得很多的新鲜养料。不过，很多女士并不知道到底怎样做才能让自己的生活变得丰富。我给女士们答案，那就是兴趣。

不管什么样的事，即使在别人眼里看起来很无聊，只要你对它有兴趣，那么它就一定会给你带来很多的乐趣。家庭主妇应该是生活得最无聊的人群了，因为她们每天的事情就是重复地做家务。可是，如果她们能够抽出一点时间去参加家庭以外的活动而不是守在电视机前观看肥皂剧的话，那么她们既可以使自己过得快乐，也可以让自己有一个更好的心情去完成家务。

在我的训练班上有一个叫卡夏的女孩子，她和其他的学员有很大的不同。其他人来我训练班的目的大都是帮自己排除忧虑，而卡夏的目的则是为了充实自己，因为她从来没有忧虑过。我一直在注意观察她，发现她好像每天都很忙。

这天，我刚刚宣布下课，卡夏就又拿起自己的东西，准备离开教室。我叫住了她，很好奇地问她："卡夏小姐，你最近是不是在谈恋爱？我看你好像每天都急匆匆的。"卡夏笑了笑说："没有，先生，我只是要去上舞蹈课，晚上还要去学习绘画。"我有些吃惊地说："何必把自己的时间安排得这么紧呢？你这样不会觉得太累吗？"卡夏对我说："不，卡耐基先生！每当我闲下来的时候，我总是不自觉地去胡思乱想一些东西。因此，我宁愿让自己忙碌、紧张一点儿，也不愿意去过那种单调无聊的日子。"说完，卡夏就和我道了别，转身离开了。

是的，卡夏小姐太明智了，她找到了一个使自己快乐的秘诀。正当我思考卡夏小姐的秘诀时，班上的另一位小姐奥立佛找到了我，对我说："卡耐基先生，我在您的训练班上也学习了一段时间了，我已经按照您教我的那样做了，可我还是不能让自己快乐起来。我喜欢看电影，这也是我唯一的爱好。于是，我经常去电影院，可是每次回来之后都很伤感。为什么电影里的人每天都生活得那么精彩，而我却注定要受到单调生活的折磨？"

我觉得，卡夏的快乐秘诀是非常适合奥立佛小姐的，于是我对她说："其实你的精彩就在你身边，只不过是你没有发现它们而已。虽然你喜欢看电影，可那却是你唯一的兴趣。正是这种单调的兴趣，才使得你不开心、不快乐，才使得你不能从单调的生活中解脱出来。为什么要这样对自己呢？你为什么不去培养自己新的兴趣呢？只要你能让自己的兴趣广泛起来，那么你就根本不会再去忧虑什么了。"

奥立佛做到了,她开始培养自己的新兴趣。后来,每逢周日她都会约上几个志同道合的朋友,一起去登山,而且每次都能从其中体会到前所未有的刺激。现在,奥立佛又对滑雪产生了浓厚的兴趣。虽然她还是个初学者,经常会因为技术不熟练而摔倒,但是她却从没有喊过疼。有一次,我在大街上遇到她,问她现在还觉得生活单调和枯燥吗?奥立佛笑着说:"卡耐基先生,您可真会开玩笑!如今我哪里有时间去考虑那些烦心的事,我的要紧事还做不完呢。"

在我刚刚帮助完奥立佛小姐摆脱了忧虑之后,我的训练班上又来了一位作家,情况比奥立佛要糟糕得多。这是因为,奥立佛好歹还知道自己有个看电影的兴趣,可是这个作家却根本不知道自己喜欢什么。她曾经试图让自己喜欢绘画,可是她画出来的东西连自己都觉得恶心;她也曾经试图让自己喜欢小提琴,可她拉出来的声音简直是对人耳朵的一种折磨,摄影、运动、收藏……几乎所有的事情她都试过了,可没有一个成功的。

我知道,卡夏小姐快乐的秘诀并不适合这个人,因为她不是没有兴趣,而是没有一个兴趣能让她获得满足感。后来,我介绍了一位钢琴师朋友给她,让她开始学习钢琴,而且要耐心地去学。很长时间过去了,虽然这位作家仅仅能弹奏出一首简单的曲子,但它毕竟是完整的。现在,每当工作烦闷时,她都会以弹钢琴来打发时间。现在,她的生活中除了稿纸和书,还有了音乐。因此她再也不觉得生活是那么单调无聊了。

此外,我还要告诉各位女士,你们改变自己单调生活的同时,实际上也从客观上激发了你们的潜能和活力。这一点,我是从我的邻居沃森太太身上发现的。

沃森太太上了年纪，丈夫也在几年前离她而去，孩子们也都不在身边。可是，沃森太太的生活并不像常人想象的那样枯燥乏味、单调无聊，相反她过得非常快乐和充实。丈夫死后，沃森太太把所有的精力都放在了培育鲜花上。现在，她已经拥有了一个自己的花园。每到晚上，邻居们都会来到她的院子里，和她一起欣赏那些美丽的鲜花。沃森太太听着别人对鲜花的称赞，享受着美丽的景色，内心十分满足。

不过，光有这些她还远不满足。不知怎么的，沃森太太居然迷上了桥牌。于是，每当周末或是空闲的时候，她总是会邀请一些同龄的邻居，和他们一起玩上几局。后来，沃森太太居然还组织了一个桥牌协会，并且由自己担任会长。如今，沃森太太的协会已经有十几个人参加了，而且办得还有声有色。

有一次，我对沃森太太说："真让人难以置信，沃森太太，您现在可比以前精神多了，而且还显得年轻了许多。"沃森太太笑着说："谢谢你，亲爱的戴尔！当你到我这个年纪的时候，你就会明白的。如果我每天都愁眉苦脸的话，恐怕我早就跟随我的丈夫去了！你看，兴趣多了，生活也就自然有意思多了。"

女士们，你们还在等什么？难道你们不想改变单调的生活？行动起来吧，为单调的生活创造一些乐趣，试着给自己寻找一些新的兴趣。女士们，保持快乐是人生最幸福的事，然而最好的办法就是抓住生活中的每一个闪光点，让单调不再困扰你，让你能够愉快地享受生活。

我知道，很多女士都有这样一种想法，她们认为自己现在还没钱，不能去享受生活，最好的办法就是等到以后有了钱而且有时间的时候再去享受。女士们，这种想法既是错误的，也是可怕的。为什么我们要把快乐寄托在明天呢？难道快乐就必须要用金钱才能满足吗？一次轻松的旅游可能只需要你花费100美元，一件漂亮的衣服可能只需要花费你几十美元，一项小小的享受可能仅仅会花去你几美元，这些你们都做不到吗？不是的，女士们，你们完全可以做到，因此你们根本不必等待富贵之后再去说什么享受生活。

如果女士们还是不能从今天做起的话，那么即使你以后真的有了钱，也有了时间，你却不会再去享受快乐的生活了，因为你已经习惯了这种枯燥无味的单调生活。你没有了激情，也没有了那些雄心壮志，更不会有什么灵气。事实上，由于你常年压制自己的兴趣，如今的你已经用自己的快乐和健康换取了那些最不值钱的物质财富。

女士们，赶快行动起来吧，让自己拥有一个丰富多彩的、快乐幸福的生活。

不要把别人的批评太放在心上

我相信，每一位女士都不会认为自己是一个完美的人，因为不管是谁，都不可能是完美的。既然女士们并非完美，那么你们就一定会犯错误，而犯了错误就一定会受到别人的批评。事实上，有些时候即使你没有犯错误，但也一样会受到别人的批评，因为这些批评是充满恶意的责难。如果我在这里问各位女士是否能够把别人的批评不再放在心上，大多数女士给我的答案都会是"不能"。

是的，每一位女士在生活中都曾经遭受过别人的批评，不管这种批评是善意的还是恶意的。大多数女士面对批评时，往往是不能接受的。她们常会被这些批评搞得愤怒、懊恼、忧虑或是烦躁不安。

有一次，我的培训班上来了一位女学员，名叫爱丽丝·波恩纳。她是一个成功的女性，因为她是美国一家大公司的副总裁，这对于一个女性来说，已经是非常难得的了。可是，这位在别人眼里看来很成功的女士，却并没有在她的工作中体会到一丝的快乐。

"卡耐基先生，我请你帮帮我，因为我实在受不了现在的处境了。"爱丽丝痛苦地说，"我希望自己能够做得足够好，而实际上我已经非常努力了。可是，我还是不能让所有人满意，因为他们似乎都以挑剔的眼光看待我。"

通过一段时间的交流，我发现，爱丽丝是一个对别人的批评非常敏感的人。在公司里，她渴望做到尽善尽美，希望所有人都把她当成一个完美的领导。一旦有人对她提出批评的意见，哪怕是很小的一个批评，她也会为此烦恼上几天。

为了让所有人都不再批评自己，爱丽丝做了很多努力，但这些努力往往却是弄巧成拙。她常常为了取悦一个人而得罪了另一个人，接下来又为了取悦第二个人而使其他人对她有意见。现在她发现，自己已经完全不能从别人的批评声中自拔出来了，因为为了不让别人批评她，她总是在取悦很多人的同时，又得罪了很多人。

我非常理解爱丽丝的心情，也非常同情她的处境。为了帮助她摆脱这种无尽的烦恼和痛苦，我决定用一些成功女性的事例来激励她一下。

于是，我对爱丽丝说："亲爱的爱丽丝女士，我有个问题想问您，您觉得您和罗斯福总统夫人比起来，哪一个更加成功？"

"您一定是在开玩笑,我怎么可能与总统夫人相比!"爱丽丝吃惊地说,"她在我的眼中是最成功的女性。"

我笑了笑,对她说:"是吗?那太好了!你知道吗?罗斯福夫人完全可以算得上是拥有朋友最多以及拥有敌人也最多的白宫女夫人。事实上,罗斯福夫人也是受到批评最多的白宫女夫人。"

爱丽丝有些不相信我的话,说道:"这不可能,像她这样的女性是不应该得到批评的。"

我说:"可事实上是有的,我曾经采访过罗斯福夫人,问她是如何对待那些恶意的指责的。她告诉我,她曾经也是一个非常害羞而且害怕受到别人批评的女孩。那时候,她对别人的批评有着很深的恐惧。有一次,她跑到她的姑妈那里,问她姑妈:'姑妈,我很想做一些事情,但却总是害怕被别人批评。'姑妈看了看她,对她说:'不管做什么,只要你认为是对的,那就请你大胆地去做,根本没必要在乎别人的说法。'从那以后,罗斯福夫人就把这句话牢记在心,而且也把它变成了她在白宫岁月中的精神支柱。"

听到这儿,爱丽丝恍然大悟,马上明白自己以后该怎样处理那些批评声了。她高兴地对我说:"我明白了,我是领导,那就势必逃脱不掉被别人批评。与其把它们放在心上,还不如学着习惯和适应它们。只有这样,才能让自己快乐起来。"

事实证明,爱丽丝做到了,现在她已经是一名成功并且快乐的女性了。可是似乎很多女士并不能像爱丽丝那样明白这个道理,她们在面对别人的批评的时候总是会耿耿于怀,或者马上站起来反击。实际上,女士们的种种表现都说明了一点,那就是你们还无法做到不被批评的箭中伤。女士们,你们必须清楚,将别人的批评放在心上是一件非常危险的事。

我必须承认一点，那就是在以前我也并没有做到将别人的批评不放在心上。那是几年前的事，一位《纽约太阳报》的记者参观了我的成人培训班。也许这名记者是有意的，但也许他是无心的，总之他在报纸上发表了一篇文章，对我的工作及我个人进行了攻击。我当时愤怒极了，怒火冲昏了头脑，我认为这是对我人格的一种侮辱。我给报社的主编打了电话，要求他必须马上再刊登一篇文章，内容是否定那篇攻击我的文章。我认为我有义务教会那名记者，犯错误是要受到惩罚的。

后来，报社主编按照我的意思去做了，而我当时也得到了心理上的满足。可是，当我现在再想起这件事的时候，心中并没有一丝得意的意思，相反却充满了愧疚。因为我现在才意识到，购买《太阳报》的读者有一半可能根本不会看到那篇文章，而那些看到文章的读者又有一半的人根本不会用心去看它，就算那些很用心去看它的读者，估计也会在几周内将这件事忘得一干二净。

女士们，我并不是空口无凭地在这里说。我必须让女士们清楚，你们之所以会把别人的批评太放在心上，主要是因为你们过于高估自己在别人心目中的地位了。事实上，只有你自己才关注那些批评的话语，至于别人，他们只有时间去考虑自己，才不会浪费时间去思考你的事。对于他们来说，晚餐该准备点什么要远比你是死是活重要得多，因为没有人会去真正地关心别人的事情，你也一样。

我想我这么说已经够明白了，就拿爱丽丝举例。她认为别人对她的批评是公司里每个人都很在意的事，而实际上别人根本没有将这些事放在心上。结果，为了能够平息一些人的怨气，她又得罪了另一些人。就这样，她真的让所有人都对她的批评感兴趣了，因为她得罪了所有的人。

女士们，如果你们能够笑对那些批评，那么你们就真的能够过上快乐的生活了。这一经验，是我从海军少将巴斯勒那里学来的。

巴斯勒是美国海军中最会要派头的一名少将。他告诉我，他以前年轻的时候也非常敏感，因为他十分渴望能够成名，所以他很在乎自己给别人留下的印象。巴斯勒说，他自己以前真的太在乎别人对自己的评价了，哪怕是对他一丁点的批评，他也会好几天睡不好。在部队生活了几年之后，巴斯勒不仅磨炼出一身结实的肌肉，而且还培养了自己坚强的性格。少将笑着对我说："我以前真的很可怜，因为我曾经被人称为流浪狗、毒蛇和奇臭无比的臭鼬。夸张一点地说，所有能在英文词汇中找出来的肮脏的词语，别人都曾经在我身上用过。可是如今，当我听到有人辱骂我时，我连一点最基本的反应都懒得做。"

事实上，巴斯勒很快乐，因为任何批评之箭都无法伤害到他。可是女士们并不快乐，因为女士们的自尊心根本受不了那支利箭的伤害。女士们面对别人的批评或是辱骂时，根本不可能做到没有一丝地反映，她们或是非常难过，或是也以批评和辱骂作为还击。

相信很多喜欢听广播的女士对朱丽亚·罗斯并不陌生，因为她是有名的电台女主播。事实上，这名聪明的女主播不但擅长播音，而且心理素质还非常过硬。每周日下午，朱丽亚总是要主持一档音乐节目，并且还总是喜欢加上一段音乐评论。可是，有一次，一位听众给她写信说，她是一个不折不扣的骗子、白痴、毒蛇。面对这样的语言，朱丽亚并没有任何过激的举动，而是在下一次的节目中，把这封信念出来了。不想,这个观众不依不饶,紧接着又写了一封恶毒的信。而朱丽亚在广播中说:"看来这位观众是改变不了对我的印象了,因为他坚持认为我是白痴和骗子。"

女士们,难道你们不佩服朱丽亚的真诚和大度吗?如果不是这样的话,她怎么可能如此轻松地对待别人对她的批评呢?事实上,如果女士们不能正视别人的批评,那么不仅会使自己的生活变得烦恼、忧虑,同时还不可能取得真正意义上的成功。

相信女士们都知道我是很崇拜林肯的,而且对他也有一定的研究。林肯是政界的领袖,如果他和女士们一样,把别人的批评看得非常严重的话,恐怕他早就精神失常了。美国的麦克阿瑟将军,英国的丘吉尔首相,他们都十分欣赏林肯的一句话:"对于那些恶意的攻击,只要我不做出任何反应,那么这些责难就变得没有意义,而且事情也很快就会结束。"

各位亲爱的女士,我希望你们能够真正地弄明白林肯的话。你们记住,不管什么事,只要尽力就好了,永远不要让批评的箭刺伤你的心。我们在生活中总是会遇到各种各样的批评,既然批评我们无法避免,那么我们就别再放弃选择是否要受它干扰的权利了。

最后,我必须强调一下,我说女士们不应该把别人的批评放在心上,这些都只是针对那些恶意的批评。至于那些善意的,而且对我们有很大帮助的批评,我们也应该接受,因为那样才会促使我们成熟起来。

第三章

做魅力女人

魅力是女人的力量,正如力量是男人的魅力。

——〔英〕蔼理斯

好性格使你幸运

一天晚上,我的好朋友查理·约翰逊突然到我家来拜访,他现在是纽约一家心理诊所的主治医师。对于他的到来我感到非常高兴,因为我们的确有很长时间没见面了。我让陶乐丝给我们准备一顿丰盛的晚宴,因为我要和查理好好叙叙旧。

闲谈间,我告诉查理自己正打算给女性写一本有关心理学方面的书,希望他这位专家能给我提一点建议。查理想了想,对我说:"性格,戴尔,你应该研究一下性格对人一生的影响。以我的经验来看，凡是成功的人都有自己成功的性格。事实上，好性格会使人幸运，也会让人成功，对女人来说也是一样。"

当时的我并不太同意查理的话，于是我说："查理，你可能对自己的感觉和经验太自信了。虽然我知道性格对于一个人来说很重要，但我一直都认为人的成功是和机遇、社会环境、个人素质等因素有关的。实际上，性格不过是和成功有关的很小的一个因素罢了。"

查理似乎早就料到我会这么说，所以他很平静地对我说："好，戴尔，我们假设你的说法是正确的。那么同样是机会，为什么有的人就能抓住，有的就抓不住？不管处于什么社会环境下，为什么总有少数人能获得成功，而却有相当一部分人过着平庸的生活？还有，为什么具备同样能力的人命运却不尽相同？戴尔，请你解释一下这是为什么？"

我真的哑口无言了，因为查理说的的确都是事实。我绞尽脑汁，想找一些例子来驳倒查理，然而却怎么也找不到。没办法，最后我只能承认查理是胜利者。

女士们，如果你们当时在场的话，会选择站在哪一边？我希望你们支持查理，因为无数的事实都已经证明，查理的观点是正确的。

我想，对于每一位女士来说，善良都是她们的天性。曾经有人说过："女性的善良是和母爱有着密切联系的。"女人之所以不喜欢争斗，是因为她们不愿意看到有人受伤害。有时候，为了满足别人，她们宁愿牺牲自己。

第二次世界大战开始不久，法国就被德国占领了。那时候，很多法国人为了躲避战争都逃亡到国外。苏丽的家人都死于德军的炮火之下，她只好孤身一人逃到了英国的一个小村庄。在那里，一位善良的老妇人收容了她。同时，这位老妇人也收容了另外几名不幸的女孩子。

老妇人对这几位远来的客人非常热情，甚至到了疼爱的地步。时间一长，其他几位姑娘都看出了一些端倪，都陆陆续续地离开了那里，只有苏丽自己留下了，因为她不愿意再忍受漂泊之苦。终于有一天，那位老妇人对苏丽提出，希望她能够答应嫁给自己弱智的儿子。苏丽虽然心中并不愿意，但最终还是答应了她的请求，因为她不想伤害到老妇人的心。当然，女士们一定都能够猜到苏丽最后的命运将会是怎样的。

有些女士会对我有些不满，甚至可能会质问我说："怎么？卡耐基先生，难道你认为苏丽应该选择离开？你认为苏丽应该做个忘恩负义的家伙？"是的，女士们，我认为苏丽应该拒绝老妇人的要求，因为这关乎她一生的幸福。她的确应该对老妇人感恩戴德，但报恩的形式有很多种，不一定非要选择那种。我承认，苏丽女士是善良的，但她的这种善良超过了底线。其实，与其说苏丽女士性格善良，还不如说她的性格软弱。苏丽不懂得拒绝别人，更不想拒绝别人，因为她不愿意看到任何人受到伤害。然而，在这件事中，唯一受到伤害的就是苏丽自己。也许我们应该同情苏丽的遭遇，但我们却无能为力，因为这一切都是由她的性格造成的。

如今，我已经对查理的话深信不疑了，因为我以前的邻居罗斯姐妹印证了它的正确性。罗斯姐妹是一对双胞胎，两人长得非常像。在很小的时候，父母对这对姐妹一视同仁，从来没有表现出偏爱某一个。然而，随着年龄的增长，情况发生了变化。

姐姐露丝性格耿直，总是想到什么就说什么，而妹妹姬丝则性格乖巧，总是会想各种办法来讨父母的欢心。坦白说，露丝做的要比妹妹好，可是似乎她总是得不到父母的喜爱。罗斯夫妇感情很好，不过他们也像其他夫妻一样经常吵架。每当这个时候，露丝总是会站出来批评有错的一方，而姬丝则总是想办法逗生气的父母开心。虽然露丝经常会买一些礼物送给父母，但是父母似乎只惦记着妹妹。最后，罗斯夫妇在他们的遗嘱中清楚地写道，他们所有的财产全部都归姬丝所有。

虽然露丝和她妹妹的感情非常好，但她始终不能理解为什么自己的父母会如此偏心。于是，她找到了我，希望从我这里得到一丝安慰。听完她的叙述，我问露丝："你为什么不能像你妹妹那样讨好你的父母呢？"露丝有些苦恼地说："我并不是没有尝试过，但是我根本做不到。当我向父母献殷勤的时候，连我自己都觉得太做作了。我就是我，根本没办法成为姬丝。"我马上想起了查理的话，就对她说："露丝，这一切都是由你的性格造成的。"露丝在听完我的话后，也表现出一副恍然大悟的样子。

老实说，我非常同情露丝，因为她真的没有做错什么，而她的父母也不应该对她有任何意见。可是，事情已经发生了，而且一切都是顺理成章的。这不能怪别人，只能怪露丝没有一个好的性格，因此她的命运才会如此的不幸。

那么，究竟什么样的性格才算好的性格，什么样的性格算是不好的性格呢？纽约著名的心理学研究专家汉斯曾经说："对于一个人来说，拥有诸如坚韧、勇敢、冷静、理智、独立等性格，无疑就等同于拥有了一笔巨大财富。坚韧会让你在困难面前永不低头，勇敢则让你能够面对一切挫折，冷静和理智会让你永远保持清醒，独立则会让你不受他人的摆布。相反，如果一个人的性格懦弱、胆怯、冲动、依赖性强的话，那么恐怕他一生都将一事无成。"

我知道，并不是所有的女士都有事业心。她们不渴望成功，也从没奢望过会有什么轰轰烈烈的大事发生在自己身上。在她们眼里，嫁一个好丈夫，做一名合格的家庭主妇就是最终目标。因此，很多女士并不认为拥有好的性格对她们有多重要。

然而，事实并非如此。如果你的性格懦弱，那么在面对丈夫的无理要求时，你是无论如何也不会拒绝的；如果你的性格胆怯，那么不管丈夫做了什么，你都不敢出声；如果你的性格冲动，那么一点小矛盾都可能在你们之间引发一场大的战争；如果你依赖性很强，那么就无疑会给自己的丈夫增加一份负担。

因此，不管女士们给自己的一生制定了什么样的计划，拥有好的性格对你们来说都是一件非常重要的事。特别是对于那些至今还没有被幸运垂青过的女士，你们应该赶快行动，改变自己性格中的缺陷。不过，在改变性格之前，女士们首先要弄清楚，性格究竟是怎么形成的。

美国心理学协会前任主席拉帕克·道格拉斯曾经说："性格是指导人行事的准则。实际上，人在刚出生的时候并没有形成真正意义上的性格，性格往往都是后天培养出来的。每个人都有不同的思维方式，因此每个人也都有不同的行为习惯。这种行为习惯长期支配着人们，久而久之就变成了性格。举一个简单的例子来说，一个人如果认为世界太冷漠，人情太冷漠，那么他就会养成不与人交往的行为习惯。在这种行为习惯的支配下，这个人就很容易形成孤僻的性格。"

由此，我们可以看出，一个人的性格是由他的思维方式决定的。因此，要想改变自己的性格，首先就要改变自己的思维方式。女士们在改变自己的思维方式的时候，一定会遇到很多困难，因为人的思维方式一旦形成，是很难改变的。不过，女士们可以试一试我的这个方法：反向思维。

反向思维的意思就是，女士们遇到什么事的时候总是会根据思维习惯做出判断。这时你们不要马上行动，而是朝着先前做出的判断的反方向思考问题。比如说，苏丽在听到老妇人的邀请后，马上做出不能拒绝的判断。因为她的思维习惯告诉她，如果她拒绝，那么就一定会让老妇人很伤心。这时候，苏丽就应该想，这件事是可以拒绝的，因为那样做会让自己获得幸福。这就是我说的反向思维。相信，如果苏丽当时知道这一方法的话，也不会选择留下。

当然，单靠着一种方法是不能改变一个人的性格的，还需要女士们自身做出很多努力。

改变性格的方法

● 使自己树立改变性格的决心；

● 广交朋友，特别多交一些拥有好的性格的朋友；

● 到处走走，感受一些不同的环境；

● 多读书，让自己对性格有深层次的认识。

虽然我不敢肯定上面的方法一定能够帮助女士们改变自己的性格，但它至少是给女士们提供了一些参考意见。不管怎样，拥有一个好的性格对于女士们来说都不是一件坏事。因此，我建议，女士们不妨试一试我的那些方法，说不定真的会给你们带来一些意想不到的收获。

做自己情绪的主人

那是很多年前的事了,那时候我的事业才刚刚起步。女士们都知道,创业初期是很累人的,每天似乎都有忙不完的事。于是,为了减轻自己的负担,我决定请一个女秘书。后来,在一位朋友的介绍下,我雇用了一位名叫丽莎的小姑娘。我必须承认,丽莎的能力很强,的确让我轻松了很多。然而,只要是人就一定会犯错误,丽莎也不会例外。

这天,我在检查文件的时候发现,丽莎居然粗心地把一份很重要的文件搞错了。当时的我也并不成熟,所以就狠狠地批评了丽莎一顿。后来,当冷静下来的时候,我觉得自己的做法有些不妥,于是又向丽莎道了歉。

本来,我以为这件事很快就会过去,然而却并非如此,丽莎从此变得一蹶不振。她是个挺细心的姑娘,平时很少出错,可从那以后,她的工作却频频出错。不光这样,我还发现她工作的时候常常心不在焉,有时候我连叫几声她都听不见。我不知道丽莎是怎么了,难道就是因为我批评了她?不,我觉得不应该是,因为被别人批评也是一件很平常的事,不应该给她造成这么大的影响。

几天以后,我的那位朋友打电话给我,问我丽莎最近是不是出了什么事。我把丽莎的工作情况简单说了一下,并问他是如何知道的。朋友告诉我,丽莎的父母找到他,说丽莎最近变得沉默寡言,而且还非常容易发脾气,常常因为一件小事就和父母大吵一架。我似乎已经明白了其中的原因,于是在挂掉电话以后,我把丽莎叫到了办公室。

我问丽莎:"有什么可以帮你的吗?我知道你最近的情绪很不好!首先,我为我那天的行为道歉,因为我的行为受到了情绪的控制。真是对不起!"

丽莎对我说:"不,卡耐基先生,这和你没有什么关系!即使你今天不找我,我也正打算向您辞职。实际上,从那次您批评我之后,我就对自己丧失了信心。现在,我根本没有办法集中精神工作,因为我老是担心出错。可我发现,我越是担心就越出错。不光这样,每天回到家的时候,我不愿意和父母多说话,而且心情非常烦躁,常常和父母吵架。对不起,卡耐基先生,我真的做不下去了,因此我还是决定辞职。"

老实说,当时我真的很想帮助丽莎,可是我却想不出一个好的办法。无奈,我只好同意了她的请求。事后,我专程前往华盛顿,到那里去拜访美国著名的心理学家约翰·华莱士,希望从他那里得到一些好的建议。

华莱士告诉我:"丽莎这种做法是典型的情绪失控,而戴尔你也差一点做出同样的蠢事。从严格意义上讲,情绪不过是一种心理活动而已,但你千万不能小看它。事实上,它和一个人的学习、工作、生活等各个方面都息息相关。如果一个人的情绪是积极的、乐观的、向上的,那么这无疑就有益于他的身心健康、智力发展以及个人水平的发挥。反过来,如果一个人的情绪是消极的、悲观的、不思进取的,那么这无疑就会影响到他的身心健康,阻碍他智力水平的发展以及正常水平的发挥。"

我同意他的说法，于是追问道："那有什么办法能够解决这个问题吗？"

华莱士笑了笑："很简单，做自己情绪的主人。"

女士们，不知道你们在读完上面的故事以后有什么感想？是不是觉得自己有时候也和丽莎一样？有人曾经说，女人是最情绪化的生物。我对这句话有些意见，因为它的言外之意就是说女士们都无法控制自己的情绪，都是情绪的奴隶。虽然不愿意承认这是真的，但事实却让我哑口无言。很多女士都被自己的情绪所拖累，似乎所有的烦恼、忧闷、失落、压抑和痛苦等全都降临到自己的身上。她们的生活没有了快乐，开始抱怨这个不公的世界。她们每天都祈祷上帝，希望她能早一天将快乐降到自己身上。

其实，女士们何必如此呢？人是世界上感情最丰富的动物，也是情绪最多的动物。喜、怒、哀、乐对于每一个人来说都是再正常不过的事情了，何必让那些小事打扰了我们正常的生活呢？其实，女士们只要进行一定的自我调整，是能够让自己成为情绪的主人的。可是为什么还是有很多女士做不到这一点呢？答案就在下面的这个例子中。

有一次，我的培训班上来了一位非常苦恼的女士。她对我说："卡耐基先生，帮帮我好吗？我真的难过死了！"我问她究竟发生了什么事。她回答我说："是这样的，我真的受不了自己的脾气了（请注意，她是说自己的脾气，而不是情绪。显然，她没有认识到本质的问题）。我不明白，为什么身为一个女人我竟然会如此的情绪化？我管不住我的脾气，经常会因为一些鸡毛蒜皮的小事大发脾气，有时候还又哭又闹。我知道这样做不好,可我也没办法。"我说:"既然你知道自己的问题所在,为什么不试着控制它呢?"女士显然有些激动,大声说:"我怎么没有控制?我试过了,可那根本不管用!一切都发生得太快了,我还没来得及多想就已经做出了判断。事实上,这一切都不是出自我本意的。"

女士们,你们找到答案了吗?实际上,人之所以会被情绪控制自己,主要是因为当人们周围的环境变化得过快时,人们的潜意识会告诉自己:"不,决不能让自己受到伤害,我一定要保护自己。"的确,这时候人的情绪就会指导人将自己变成一只蜷缩好的、准备战斗的刺猬,会毫不留情地攻击给你施加伤害的人。这也就是我们所说的情绪失控。

其实,很多女士都知道控制情绪的重要性,不过她们在遇到具体的问题的时候却往往会败下阵来。她们会说:"我知道控制情绪的重要性,也梦想着成为情绪的主人。可是,控制情绪实在是一件太困难的事情了。"显然,她们是在向别人表示:"我做不到,我真的无法控制自己的情绪。"还有的女士习惯于抱怨生活,她们总是说:"我大概是世界上最倒霉的人了,为什么生活会对我如此不公?"言外之意就是在对别人说:"这不能怪我,是生活环境逼迫我这样做的。"正是这些看似合理的借口使女士们放弃了主宰自己情绪的权力。她们在这些借口中得到安慰和解脱,从而没有勇气去面对失控的情绪。

因此,女士们如果想主宰自己的情绪,成为情绪的主人,首先就要让自己有这样的信念:我相信自己一定可以摆脱情绪的控制,无论如何我都要试一试。只有这样,女士们的主动性才能被启动,从而真正战胜情绪。的确,让自己拥有自我控制意识,是打赢这场战争的最关键一步。

罗琳是位情绪化非常严重的女士，经常会和身边的朋友大吵大闹。其实，她对此事也非常苦恼，因为这使她失去了很多朋友。为了能够帮助自己，罗琳报名参加了我的培训课。然而，几天下来，罗琳似乎并没有得到她想要的东西。于是，她在私下里找到了我。

她问我："卡耐基先生，你说的那些道理我都明白，可是我到现在还是不知道该如何解决我的问题。事实上，你的课程并没有给我提供很大的帮助。"

我回答说："是吗？好，那我首先要弄明白你是否愿意改正你的缺点？"

罗琳又开始激动了，她没好气地说："你在说什么？难道我不想改正吗？如果是那样的话，我就不会来到这里听你讲课了。你以为改变一个人真的那么容易吗？我现在已经坚信我不可能改正这个错误了。"

我笑着对她说："是吗？罗琳女士！你认为你不可能改变自己？可我不这么认为。我觉得你之所以没有成功，完全是因为你对自己没有信心。你没有勇气去面对你的情绪化，你更加没有信心战胜它，所以你不会成功。"

尽管罗琳女士当时表现得满不在乎，但我知道她已经相信了我的话。后来发生的事情证实了我的猜测，因为罗琳女士正在一点点地改变自己。

其实，控制自己的情绪并不是一件非常困难的事，只要女士们掌握了一定的方法，还是完全可以做到的。

在这里，我还有一个小技巧要教给女士们，那就是当你们心中产生不良情绪的时候，不如选择暂时避开，把自己所有的精力、注意力和兴趣都投入到其他活动之中。这样就可以减少不良情绪对自己的冲击。

卡瑟琳有一段时间非常失意，因为她经营的一家小杂货店破产了。很多人都为她担心，怕她做出什么傻事，因为那家杂货店倾注了她太多的心血。谁知，卡瑟琳非但没有垂头丧气，反而对她的朋友说："现在我已经欠了银行几百美元，所以我必须到外面去避避难。"就这样，卡瑟琳独自一人到外面去旅游，并借此打发掉了心中的烦闷。

女士们，我们的先人曾经为了自由战斗过，而今天你们依然是在为自由而战。你们的对手是自己的情绪，只有你们战胜了，成为了情绪的主人，才能让你获得真正的自由之身，才能让你过得幸福快乐。

"糊涂"女人最可爱

很多女士在看到这篇文章题目的时候一定很不理解，说不定她们还会反问我说："卡耐基先生，你是不是疯了？难道你认为一个女人天生就应该是愚蠢的吗？难道你也和某些男人一样，认为女人只有是个糊涂蛋才是最好的吗？你在书中一直宣称自己是尊重女性、理解女性的，可是你为什么还要写一篇这样的文章来侮辱女性呢？"女士们这样想的话，那可真就冤枉了我。事实上，我所说的"糊涂"并不是指一般意义上的糊涂，而是一种将聪明发挥到极致的"糊涂"。

我之所以会想到要给女士们写一篇这样的文章,完全是受我的一位朋友的启发。他叫爱弥尔·劳伦,是一位充满激情的诗人。他曾经送给我一首哲理诗,诗中是这样写的:

糊涂最难得,
真正的糊涂是最高明的。
那是一种将自己的才智升华后的智慧;
那是一种虽知晓却不点破的涵养;
那是一种不入世俗的气量;
那是一种让自己远离纷争的快乐;
那是一种豁达的胸怀;
那是一种让自己免于危险的方法。
不管是男人女人,只要他能做到这一切,
他的一生将可以放出绚丽的色彩。

女士们是否已经体会到了这首诗的含义呢?是的,我所说的糊涂不是那种无思想、无意识、无主见的糊涂,而是一种以豁达、宽容的眼光去看待事物的糊涂。虽然世上所有的人都梦想着成为智者,但是如果我们对凡事都较真的话,那么自己也就会陷入无边的痛苦之中。女士们不妨想一想,是不是很多事情你越清楚就越烦恼呢?我们打个比方,世界上真正被病魔夺去生命的人其实并不多,更多的人是被病魔吓死的,因为他们太"聪明了",所以心中非常清楚疾病对他们来说有多么的可怕。

小的时候,我和邻居家的几个小孩子都非常喜欢到达克先生家去玩,因为那里有个慈祥和蔼还很会讲故事的老奶奶。有一次,老奶奶给我们讲了一个"可笑的主妇"的故事。

从前，有一位住在农场的主妇，老是自以为是，自作聪明，很喜欢与人抬杠。有一天，这个主妇正在家中煮饭，突然邻居告诉她，说是街上来了一位算命很准的吉卜赛女郎，叫她一块儿去看看。这个主妇一向不相信什么算命的说法，认为那个吉卜赛人不过是想借机会骗钱罢了。因此，主妇暗下决心要好好惩治一下那个骗子。

当她赶到时，吉卜赛人的面前已经围了很多人。主妇二话不说，马上挤到跟前说："嗨，你算算我叫什么名字？现在正在做什么？算对的话我给你一个金币。"吉卜赛人回答说："你的名字叫琳达，你现在正在煮饭。"主妇吃了一惊，因为她的确是叫琳达，而且也正在煮饭。不过，她还是不相信吉卜赛人会算命，认为这一定是有人事先告诉她了。于是，她回家换了身衣服，改了个发型，又要求吉卜赛人给她算命。结果吉卜赛人给的答案还是一样。就这样，主妇来回换了几次衣服都没有骗过吉卜赛人。不过，当她最后一次去问的时候，吉卜赛人说："你的名字叫琳达，不过你煮的饭已经焦了。"

我清楚地记得，当时我们几个小伙伴笑得前仰后合，都说这个主妇真是可笑，喜欢耍小聪明。那时候，我从这个故事里得到的唯一道理就是：吉卜赛人是会算命的。

然而，当今天我再重温这个荒诞故事的时候，却发现里面还揭示了很多深刻的道理。其实，在现实生活中，很多人都和这位主妇一样，喜欢耍小聪明，明知道某些事情的真相，却非要去较真，一定要找出里面的错误。结果呢？他们苦心经营的"饭"变焦了，自己也尝到了苦果。

很多女士之所以不幸，很大程度上就是因为她们太过"聪明"。

的确，这些女士智商很高，社会阅历也很深，因此任何问题，任何事情都瞒不过她们的眼睛。于是，她们不允许别人欺骗她们、不能容忍别人占她们的便宜，更加不能原谅那些妄图在她们面前瞒天过海的人。她们毫不留情地当面拆穿了别人的"诡计"，挖空心思地想办法去报复他们。结果，她们自己累得筋疲力尽，而别人也不愿意再去理睬她们。

人际关系学大师海拉尔·乔森顿曾经在他的著作《如何让你成为受欢迎的人》中写道："在与人相处的过程中，太过较真是最大的忌讳。我一直都认为，撒谎是人类的天性，因为有些时候说谎也是必需的。然而，每个人在内心深处都有一种自我防御的心理。当察觉别人在欺骗他们的时候，他们的自尊心马上就做出反应。在他们看来，这些人的做法无疑是在愚弄他们，是对他们的一种侮辱。于是，他们会想出各种办法进行反击。然而，事实上有些时候谎言并没有那么可怕，只不过是当事人将它看得太严重而已，结果搞得自己和别人都很不愉快。其实，如果人们可以忽略一些谎言的话，那么每个人都可以过得轻松许多。"是的，我们何妨来一次糊涂呢？

我们不妨对待工作糊涂些。当然，我并不是让女士们不认真对待工作。我的意思是不要太去计较那些工作中遇到的问题。你的上司可能最近老是冲你发脾气，你不要认为他是在故意找你的碴儿，说不定他只是心情不好而已。你每天工作8小时，给公司创造了很多利益，可仅仅拿到那一点微薄的薪水。你不应该有这种想法，公司拿更多的钱是理所当然的，因为你不是老板，更何况他还要拿出很大一部分来供养像你一样的员工。你的同事整天聚在一起说你的坏话，这让你难以忍受。其实，你大可不必担心，因为他们只不过是嫉妒你罢了。

我们不妨对待朋友糊涂些。你的朋友可能为了某些利益而伤害了你，千万不要因此去怨恨他，因为换作是你也会这么做的。你的朋友曾经在背后说过你的坏话，不要在意，因为那可能是你真的有问题。况且，在背后谈论他人是人类最大的嗜好。也许你的朋友明明有钱却不愿借给身处困难的你，不要埋怨他，可能他还有更大的用处。

我们不妨对待家庭糊涂些。你的丈夫可能和你撒谎说在单位加班，其实他是偷偷跑出去喝酒。你不要责怪他，因为男人也需要偶尔的放纵。你丈夫拿着一枚廉价的戒指和你说："这是正宗的钻石戒指。"请不要拆穿他，那是代表了他的心意。你的孩子把弄脏的床单藏在了衣柜里面，你千万不要手拿床单狠狠地训斥他，因为你小的时候也犯过同样的错误。

女士们，我真的希望你们在遇到上面那些问题的时候表现得糊涂一点，这可是人生的大学问。曾经有一位哲人说："聪明的最低境界是糊涂，而它的最高境界依然是糊涂。"每一位女士都不愿做最低境界的糊涂虫，因为那是一种懒懒散散、玩世不恭、胸无大志的表现。于是，女士们看书、看报、留心观察，逐渐将自己变成了聪明人。我承认，这是一种飞跃，质的飞跃。然而，如果我让女士们再从聪明变回糊涂的话，恐怕就很少有人愿意了。

实际上，女士们之所以不愿意从智者变为糊涂者，是因为你们认为但凡糊涂者都是可悲的、可笑的甚至是愚蠢的。可是，女士们有没有想过，这种糊涂有时候恰恰可以帮你们排解生活中的烦恼，让你们不为任何事担忧。这种糊涂并非不明事理，也不是看不清现实,而是一种让自己免受世事困扰的做法。一位哲人曾说:"上帝要折磨一个人,首先就赐予他完整的思想。"对于那些太有思想的人来说,痛苦与他们是永远相伴的。相反,那些头脑简单的人却每天都可以过得很快乐。

有些女士太"聪明"了,看清了世上所有的一切。于是,她们开始觉得世界太冷酷了,人与人之间没有感情可言。她们觉得孤独,觉得冷,因为这个世界没有一丝温暖可言。这就结束了吗?不,还远不止这些。"聪明"给你带来最可怕的后果就是失去朋友、失去亲人、失去生活。没人愿意和一个太"聪明"的人在一起相处,每一个人都希望保留住自己的尊严,守住自己的一点小秘密。然而,"聪明"的女士却让这些人失去了尊严,失去了秘密。

因此,女士们,请听一听我的劝告,让自己变得头脑简单一些,让自己对人对事糊涂一些。这样一来,你不但不会成为别人眼中的傻瓜,反而会成为他们心目中的女王。

不过,在最后我还必须提醒女士们,如果你们真的还没有从最低境界的糊涂上升到聪明的境界的话,那么就千万不要去追求最高境界的糊涂。我说过,最高境界的糊涂是以聪明为基础的,它是一种智慧的体现。而如果女士们没有达到聪明的要求的话,那么你们追求的可就是真正的糊涂了,那种让人变得一塌糊涂的糊涂。

给别人说自己得意事情的机会

女士们,你们知道什么方法最能够让别人接受你吗?有的女士可能会告诉我："这很简单，把我的优点全部告诉他们，我要用我的语言使他们感受到我的魅力。"如果你真是这样想的，亲爱的女士，那么你就大错特错了。事实上，这种说太多话的做法往往会使别人感到厌烦，尤其是你故意夸大你的优点。因此，如果你想成为一名充满魅力的女士，那么你就应该让别人多说话，尤其要给别人说出自己得意事情的机会。

你们可能想不到，这种做法虽然看起来有些"软弱"，但实际上却充满了智慧，往往可以给你带来意想不到的收获。

汤潘女士是一家大型汽车坐垫生产厂家的销售代表。几年前，全美最大的汽车公司准备购买全年所需的汽车坐垫，这也是这家公司每年年初都要进行的大型采购项目。为了能够获得这项大的订单，很多生产厂家都纷纷寄出了自己的样品。经过层层筛选，只有3家厂商进入了最后的竞标，汤潘女士所在的厂家就是其中之一。

说实话，汤潘女士对这次谈判没有多少信心，因为另外两家的实力也都是非常强的，也就是说汤潘女士成功的概率仅有30%。然而，就在竞标开始的那天，汤潘女士居然得了咽喉炎，而且相当严重，嗓子沙哑得连声音都发不出来。汤潘女士有些灰心，认为这次肯定会失败。可是，明知失败也要试一下，于是她还是进了会议室，和那家公司的采购经理、质检员以及总经理见了面。

当她见到总经理时，很想向他问好，可是她根本发不出声音来。没办法，汤潘女士只好在纸上写道："对不起各位，我今天嗓子坏了，根本不能说话。"这时，坐在她对面的总经理笑了笑，说道："女士，我在这一行也有很多年了，我想我替你介绍你们的产品，你不会有什么意见吧？"汤潘女士点了点头，表示愿意接受总经理的建议。

当时的场景简直太令人惊讶了，这家公司的总经理俨然成了汤潘女士的代言人。他站在汤潘的立场上，分析了她们厂生产的产品的优点，并和其他生产厂商的产品进行了比较。在整个过程中，汤潘女士没说一句话，只是微笑着点头称是。经过一阵激烈的讨论后，汤潘女士居然拿到了订单，那可是价值160万美元的订单啊！

后来，汤潘女士对我说："我真的感觉上帝在帮我，因为如果那天我的嗓子没哑的话，恐怕我根本拿不到这份订单。现在我终于明白，给别人说话的机会是一件多么重要的事情。那位总经理当时很得意，因为他认为，对于鉴别汽车坐垫质量的好坏来说，他简直是专家。我清楚地记得，他神采飞扬，滔滔不绝，完全把介绍我们的产品当成了自己的事。从那以后，每当我和客户交谈时，总是尽量让他们说话，而且最好是让他们说自己得意的事情。"

对于这一点，并不是只有汤潘女士认识到了它的重要性，另一家电器公司的业务经理卡洛琳女士也对这种做法的魅力深有体会。

那是前几年的事情了，卡洛琳女士受公司老板的委托，来到宾夕法尼亚州的一处农业区进行考察。当他经过一家非常干净整洁的农舍时，对陪同的销售代表说："先生，请你告诉我好吗？这里的人为什么都不用电器？"销售代表以前显然碰过钉子，所以有些赌气地说："住在这里的人都是荷兰移民，他们有钱！可是他们是典型的铁公鸡、守财奴，根本不可能购买我们的任何东西。而且，这些乡下人还对我们这种公司很反感，我已经被拒绝过很多次了。"卡洛琳女士不太相信他的话，决定亲自试一试，于是她很有礼貌地敲开了一家农舍的门。

门只开了一个很小的缝，有一位妇人探出了头。还没等卡洛琳开口，妇人就白了她一眼，重重地关上了门。卡洛琳没有生气，而是又一次敲门，说道："请别误会，夫人，我并不是来这里推销什么东西的，而只是想从您这里购买一打鸡蛋。"门开得大了一点，不过妇人眼神中依然充满了怀疑。

卡洛琳笑着说："我敢打赌，您的那群鸡一定是多敏尼科鸡。"

妇人有些好奇地问："你是怎么知道的？"

卡洛琳说："因为我家也养鸡，而且从来没见过比你的这群更棒的多敏尼科鸡。"

老妇人的警惕性还是很高，继续问道："恭维是没有用的，既然你家又养鸡，那么何必还来我这里买？"

卡洛琳回答说："很简单，我养的是莱格何鸡，它们只能生出白色的蛋来，而多敏尼科鸡却能生出褐色的蛋来。您一定精通于烹饪之道，相信您也知道，用白色的鸡蛋做出的蛋糕要远远逊色于用褐色鸡蛋做出的蛋糕，我一直是这样认为的。"

妇人完全没有了戒心，她来到了走廊中，高兴地说："是的，我也这么认为。哦，姑娘，我想要请你参观一下我的家。"

于是，卡洛琳终于有机会仔细地看一看这位妇人的家了。这时，卡洛琳说："夫人，我注意到你家有一个漂亮的牛棚，那一定是你丈夫养的。我敢保证，他养牛挣的钱一定不如你养鸡挣得多。"

"噢！当然，你说得太对了！"老妇人兴奋地说，"真该让那个自负的家伙听听这些话，省得他一天到晚总是不承认。"

接下来，老妇人邀请卡洛琳参观了她的鸡舍，而且表示希望从她那里得到一些好的建议。当然，女士们肯定都猜到了卡洛琳会给这位妇人什么建议。

一个星期以后,卡洛琳视察的这一地区都安上了她们公司生产的电器。卡洛琳对那个失败的销售代表说:"你知道吗?我并没有像专家一样上来就建议她买什么电器。我只是想要知道她养鸡的情况,因为那是她最得意的事情。在取得了她的信任之后,我是以朋友的身份建议她买电器的。朋友是不会欺骗朋友的,所以她才决定买我们的东西。"

女士们,我不得不承认,这是我所见过得最有魅力、最成功也是最有效的推销方法。当然,你完全可以把它运用到你的日常生活当中。

女士们,你们知道这是为什么吗?这是因为当别人觉得胜过我们时,他们就会产生一种自尊感和自重感,这一点也是我一再强调的。有了这种自尊感和自重感,他们必然愿意向我们敞开心扉,愿意和我们交朋友。相反,当他们觉得我们胜过他们时,他们就会产生一种自卑感,随之而来的则是嫉妒和猜忌。

各位女士,你们知道如何获得一个成功人士对你的青睐,从而为自己谋得一份不错的职业吗?我可以告诉你们,最好的办法就是让他们讲一讲他们的创业史,因为那是他们认为最得意的事情。

有一次,美国一家著名的大公司在报纸上刊登了一则招聘广告,说是想要招聘一位非常有才能而且经验也很丰富的人来做公司的中层管理人员。可是,虽然有很多人前来应聘,但似乎没有一个被老板看中。

这天,有一位年轻的女士前来应聘,事实上她已经是一位已婚的女士了。应该说,她的条件并不是很好,因为她毕竟已经结婚,而且也谈不上经验丰富。

老板显然有些轻视这位女士，问道："能告诉我你有什么能力让我聘用你吗？"

女士很镇静地说："尊敬的先生，我不打算在您的面前吹嘘。事实上，我一直都很敬佩您。我知道，您是一位白手起家的企业家。您凭借着几百美元和一份详细周密的计划以及自己不懈的努力终于取得了今天的成就，您是我心目中真正的英雄。"

老板的眼睛亮了起来，很高兴地说："是吗？可那些毕竟都是过去的事了。"

女士说道："可那对我们这些后辈来说却非常有意义。我不奢望能够获得这份工作，但找想从您那里学到更为宝贵的经验。"

这场面试整整进行了三个多小时，老板把他自己如何从一个穷小子变成今天的百万富翁的经历全都讲述给了这位女士。最后，老板笑呵呵地说："今天是我这些年来最开心的一天。那些应聘者从来没有让我有过这样的感觉，他们老是在那里夸夸其谈，说他们是如何如何有能力。事实上，他们的这些功绩在我眼里简直一文不值。女士，欢迎你加入我们的公司。"

女士们，看到了吧，这就是这种技巧的魔力。可能有些女士会问："作为女性，和那些成功人士打交道的机会毕竟很少，大多数人根本没有辉煌的过去，我不知道该如何让他们说出得意的事。"女士们，如果你们这样想，那就又犯了一个错误。事实上，每个人都有他最得意的事情，关键看你能不能发现。我可以举一个简单的例子，女士们认为对于一对父母来说什么才是他们最得意的事情呢？对了，答案就是他们的孩子。如果你想和一个已婚的而且有了孩子的人成为朋友，那么与其虚伪地称赞他们，还不如发自真心地去和他们谈论一下他们的孩子。因为对于他们来说，孩子就是他们未来的希望，也是他们最最值得骄傲的事情。

我记得有一位哲人曾经说过："胜过你的朋友，这是获得敌人的最好办法；让你的朋友胜过你，这是获得朋友的最好办法。"的确，女士们，我们为什么不能谦虚一下呢？为什么不能给别人说出自己最得意的事的机会呢？相信我，女士们，只要你这样去做了，那你一定会成为最受欢迎而且最有魅力的女士。

善解人意，体贴他人

相信很多女士都曾遇到过这样的问题：有些人明知道自己错了，而且他们的确是错了，但就是不肯承认错误。面对这种情形，女士们大多是选择责备，然而结果却是丝毫不见效，甚至于还会起到相反的作用。其实，女士们完全可以采用另一种方法，那就是理解他，从他的角度看问题，也就是我所说的善解人意，体贴他人。

要想掌握住这一技巧，女士们首先要知道对方为什么会固执地坚持自己的意见。很显然，他那么做一定是有原因的，只要女士们找到背后的秘密，那么就相当于找到了体谅他、理解他的钥匙。

我的培训班上曾经有一位名叫凯莉的女士。她告诉我，她的丈夫不务正业，不但不把心思花在工作上，反而每周都要拿出3天的时间来修理家中的那些花草。在凯莉女士看来，那些经丈夫精心修剪的花草并不比他们结婚时更好看，因此她总是批评丈夫。当然，凯莉的丈夫在面对批评时也不甘示弱，因此家中经常爆发"战争"。

听完她的描述，我知道这是一位不懂得体贴他人的女士，于是我对她说："你为什么不换个角度考虑？何不尝试一下站在他的角度思考问题？"我的话显然打动了凯莉女士，她沉默了一会儿说："是的，我知道丈夫一直都很喜欢花草。记得我们在恋爱的时候，他经常会送给我几朵自己种的花。那时候我还常常称赞他有情趣。也许，这次真的是我错了。的确，我丈夫太喜欢花草了，他能在修剪花草的过程中体会到快乐，而我却要剥夺他这种快乐。"

女士们知道以后发生什么事了吗？那太神奇了。当丈夫再一次修剪花草时，凯莉兴冲冲地走过去说："嗨！亲爱的，我今天才发现原来你种的花是这么的漂亮。我相信，如果我们两个一起经营的话，我们的家会变得更美。""是吗？亲爱的，你真的这么认为？"凯莉的丈夫几乎是眼含热泪地说："我很久没听到你这么说了。事实上，你一直都反对我这么做。"凯莉笑着说："可我现在改变主意了。能在工作之余管理自己的花草，这也是一件非常惬意的事情。当然，工作是不能落下的。好了，我们开始吧！"

从那以后，凯莉再也没有责备过丈夫，反而会经常帮他干活。如果实在没时间，那么在丈夫干完活后她也会重重地表扬他一番。就这样，凯莉一家每天都过得很愉快。

看完这个例子之后，有些女士可能会说："卡耐基真的是一个聪明人，居然能够想到这么好的方法来解决人与人之间的摩擦和矛盾。可惜我不够聪明，要不然我一定也会很好地运用这一技巧的。"女士们，千万不要这样想。我懂得这一技巧并不是因为我比女士们聪明，而是因为我曾经得到过教训。

一直以来，我都喜欢到离我家不远的公园里骑马、散步，这是一种很不错的休闲方式。公园中有很多橡树，那是我最喜欢的植物。当我看到那些可怜的小树被无情的大火烧坏时，我感到非常痛心。事实上，这些火并不是由那些粗心者的烟头引起的，而是被在公园野炊的调皮的孩子们所致。有些时候，那火简直大得吓人，甚至必须要叫来消防队才能扑灭。

　　其实，这件事早就引起了政府的重视，因此他们在公园里面树立了一块牌子，上面写着：严禁在公园用各种形式引火，否则必将受到罚款或拘禁的处罚。可能是工作人员一时疏忽，这块牌子居然被放在了一个很不显眼的位置上，所以很少有人能看到它。此外，虽然政府在公园里设置了一个骑马巡视的警察，但他好像对自己的职责不太感兴趣，因此火灾还是时常发生。

　　有一次，我急匆匆地跑到那位警察那里，告诉他公园发生了一场可怕的火灾，应该马上通知消防队。不想，他却冷冰冰地说："这关我什么事？要知道，现在的火还没有烧到我所管辖的区域。"当时我非常生气，并决定从此以后义务担当起森林管理员的角色。于是，我每天都会骑着马在公园里巡视。

　　那时候，虽然我的出发点是好的，但是我却并没有理解到善解人意的重要性。当我看到一群孩子在树下玩火的时候，非常的气愤，一定会想各种办法来阻止他们。我会走上前，恶言恶语地警告他们，命令他们将火扑灭。如果他们胆敢拒绝我，那我就会吓唬他们说，我一定会把他们交到警察手里的。这一方法也有效，那些孩子听从了我的话，不过是带着厌恶和反感心理听从的。只要我一离开，他们就又会生起火来，而且恨不得将整个公园烧得一干二净。

很多年以后,我已经学会了一些与人相处的技巧了。这时我才发现,当初自己的做法是多么的愚蠢。于是,当我再一次在公园中看到那些淘气的孩子时,我会对他们说:"孩子们,这真是太棒了,是不是?让我看看你们在做什么?午餐吗?事实上,当我还是个孩子的时候也很喜欢在外面野炊,直到现在也是。不过我从来不在公园中玩火,因为那是一件非常危险的事。虽然我可以肯定地说,你们一定会非常小心的,但我却不能保证别的孩子也同样小心。那些粗心的孩子看到你们在生火,他们也一定会跟着学,而且在回家的时候还不将火扑灭,接着公园里就会发生一场可怕的火灾。仅仅因为不小心,我们将失去这个美丽的公园,而那些调皮的小家伙们也会因为生火而被捕入狱。我从没打算要制止你们做什么,我也希望你们能从中体会到快乐。不过,快乐地享受一番后,你们千万不要忘记把那些树叶扔得离火远一点。还有,在离开之前,你们一定要把火用土盖起来。对了,我还有一个很好的建议,你们下次可以到山丘那边的沙滩上生火,那不会有任何危险。祝你们好运,我的孩子们!"

这些调皮的孩子这次也听了我的话,不过是心甘情愿的。他们觉得,我是从他们的立场上考虑问题,我是一个善解人意的人。孩子们得到了自尊,也没有了反感,所以他们不会抱怨,更不会抵触。因为在他们看来,我是一个值得信赖的人,也就是说,我用我的魅力打动了他们。

这又和魅力扯上什么关系了?其实,女士们不妨想一想,什么叫魅力?魅力的表现形式是什么?当我们称赞一个人有魅力的时候,是不是也是在说:"我真喜欢他!"对,你只有让别人喜欢你,敬佩你、欢迎你，才能使自己充满魅力。也就是说，做一个善解人意、体贴他人的女人是魅力无穷的。

肯德斯在美国一家杂志社做编辑。他是个十足的"酒徒"，每天都要喝上几杯才肯罢休。后来，酒精使肯德斯生了病，并且不得不在家养上半年。当时，爱丽丝女士正好担任编辑部主任。她可是一个对酒精深恶痛绝的人。杂志社中有人对肯德斯非常不满，于是就到爱丽丝那里打小报告，说肯德斯是个酒鬼，而且因为喝酒也耽误了很多事。后来，这些风言风语传到了肯德斯的耳朵里。他害怕极了，真怕自己的上司因为这件事而辞退了他。

有一天，爱丽丝女士打电话给肯德斯，邀请他一起吃午饭。餐桌上，肯德斯战战兢兢，不知道该如何是好。爱丽丝看了看他，对服务生说："请给我们上两瓶香槟酒！"肯德斯简直不敢相信自己的耳朵，问道："什么？爱丽丝女士，您不是一直都很讨厌酒的吗？怎么今天……"爱丽丝笑着说："我知道，有时候工作压力太大，或是生活太无聊，来上几杯香槟的确是一件让人感到非常舒服的事情。不过，这只能当一种消遣来做，千万不能沉迷于其中。来，让我们为了你的健康而干杯！"

从那以后，肯德斯再也没有因为喝酒而误事。事实上，正是爱丽丝女士以她自身的魅力感动了肯德斯。因为她让肯德斯知道，自己是十分理解下属的。

如果说肯德斯被爱丽丝征服还多少存在一些"敬畏"原因的话，那么罗曼莎女士则完全是凭借自己的实力。罗曼莎是纽约一家大型剧院的总经理，是一个不太善言谈的人。有一次，剧院要上演一场非常不错的戏剧，前来观看的人很多，因此票价从原来的3美元涨到了后来的10美元。这当然会引起那些顾客的不满,所以经常发生顾客与售票员争吵的事。

有一次,一位顾客对售票员说:"居然涨了这么多,简直太不像话了。"那售票员抬起了头,说:"是的,太不像话了!"这下轮到顾客傻了,不知道该说些什么好。过了一会儿,顾客问道:"刚才那个售票员是谁啊?真的很不错。"店员回答说:"先生,那是我们的老板罗曼莎女士。"

罗曼莎女士正是凭借自己的善解人意,才使得对方放弃了争论,因为顾客感到自己的想法被理解,而他也开始理解剧院的难处。

女士们,相信你们一定迫不及待地想要知道自己到底该怎么做才能善解人意,到底什么样才算体贴他人。我这里有一些建议送给女士们,希望女士们把它牢牢记住。

善解人意的好处

- 消除对方对你的敌意;
- 让对方接受你的观点;
- 使对方从你的角度思考问题;
- 顺利地实现你的目的。

如何做到善解人意

- 站在别人的立场上考虑问题;
- 要真诚地向他们表示理解;
- 委婉地表达出你的观点。

做一个"柔道"高手

几年前,我和陶乐丝一起去欧洲旅行,其间我们参观了一场柔道比赛,这是一种从日本传过来的搏击术。与其他搏击比赛不一样,柔道选手之间没有那种激烈的硬碰硬的较量。相反,参赛者往往对对手的攻击采取忍让态度,接着再伺机发动反攻。当时陪同我们的还有一位名叫查尔斯·迪克勒的先生,他对东方文化有着浓厚的兴趣。他告诉我,柔道的发源地是在古老的中国,而中国人是用"以柔克刚"来形容这种搏击术的,这种方法被许多中国人所推崇。

在归国的途中,我和陶乐丝一直在讨论着柔道。突然,陶乐丝说了一句:"如果我们在与别人相处时也能做到以柔克刚的话,那么一定可以避免很多麻烦。"陶乐丝的话提醒了我。的确,我们为什么不能在日常生活中运用这一原理呢?如果女士们真的能够做到"以柔克刚"的话,相信一定可以让你们魅力四射,成为最受欢迎的人。

加州心理学教授斯科尔·塔克拉曾经说:"即使一个人的脾气再坏,当他遇到一个和蔼可亲、笑容满面的人时也很难发作。很多人不明白这个道理,当面对麻烦时,他们往往采取硬碰硬的方法来解决。我们姑且不谈这种方式能不能解决问题,但它一定会让你的形象在别人的心中大打折扣。"

我一直都认为,除了外貌、气质以外,处事方法是最能体现女士们魅力的地方。我想,没有一个人会把一个斤斤计较、绝不退缩、丝毫不让的女人与魅力联系起来。原因很简单,和这种女人相处都是一件很头疼的事,更别说是喜欢她。相反,如果一个女人对谁都笑容满面,从不发火,而且懂得用最委婉的方法来处理问题的话,那么她将成为众人眼中最有魅力的女人。

以前,我在密苏里州居住的时候,有个邻居叫沙妮娜女士。不知道为什么,所有的人都非常喜欢她,并且亲切地称她为"最讨人喜欢的夫人"。那时候我还很小,对于如何处理人际关系还没有一点概念。但在我的印象中,沙妮娜夫人从来没有和谁发过火,也没有与谁争吵过。

记得有一次,隔壁农场的猪跑了出来,把她家种的蔬菜全都啃了个遍,而且还撞坏了篱笆。可以看得出,当时沙妮娜女士非常伤心,因为那些猪破坏了她所有的劳动成果。猪的主人也感到很不好意思,就上门向沙妮娜女士道歉,并表示愿意赔偿一切损失。可是,沙妮娜女士没有要他赔偿,只是接受了他的道歉,并且还告诉他不要把这件事放在心上。老实说,当时我真替那位夫人鸣不平,因为光用金钱是不可能来弥补她的损失的。不过,我清楚地记得,从那以后,那家农场的主人和沙妮娜女士成为了非常要好的朋友。

直到今天我才明白,沙妮娜女士这种做法是非常正确的。我们试想一下,如果当时沙妮娜女士和农场主大吵大闹的话,情形将会怎样呢?我想,那个人很可能会恼羞成怒,与沙妮娜对峙起来。他会强调说,猪跑出来是谁都不想看到的事,而且他也不是故意这么做的。而沙妮娜女士则会强调不管怎样,他的猪已经给她造成了损失。那么,结果很可能就会演变成一场可怕的争吵。

有些女士可能会说:"卡耐基,你所说的这一切不过是一种处世的技巧罢了,和有没有魅力根本就没有太大的关系。再说,我们怎么能不为自己的利益考虑呢?你这种做法是以牺牲我们的利益为前提的，而我们又能得到什么呢？我想，总是有一些家伙会把我们的这种做法看成是软弱的。"

女士们，这种担忧虽然有一定的道理，但我却认为是多余的。几天前，我和陶乐丝回到密苏里，参加了这位夫人的葬礼。当时，很多邻居都到场了，有一些还是从很远的地方赶过来的。沙妮娜女士墓碑上的祭文是这样写的："这里躺着的是世界上最有魅力的女人，她的风度、气质以及宽容和大度让所有的人都为之折服。"这就是所有人对沙妮娜夫人的评价。如果女士们想成为一个最有魅力的人，那么你们就应该用你们的"柔"去打动对方。英国著名的人际关系学大师卡斯·卢卡泽曾经在一次演讲中说："最成功的女人就是那些能够运用巧妙的方法让别人接受自己，获得别人的好感，让别人感受到她们魅力的人。我承认，好的外表、得体的衣着、迷人的气质等都是成为一个魅力女人所必备的条件。然而，我个人认为，懂得'温柔'的处世方法却是最重要的，可是很多人却忽视了这一点。这种方法是打开对方心灵的钥匙，是自我介绍的名片。没有了这种'温柔'，就不可能获得别人的好感，更不会让别人接受你。我一直都认为，在所有的因素中，这种'温柔'的处世方法是最能体现女性魅力的。"

英国的一个小镇曾经举行过一次评选"全镇最有魅力的女人"的比赛。最后，一位名叫塔莎的女士获得了冠军。相信女士们一定想不到，这位塔莎没有高贵的出身，也没有出众的外貌，更谈不上什么高雅的气质。她只不过是一个餐馆的服务员而已。那么，她为什么会成为全镇最有魅力的女人呢？

原来，塔莎不管对待任何人都十分和蔼。餐馆服务员是一项非常枯燥的工作，很容易让人产生厌烦的心理。因此，我们往往遇到的是粗声粗气，满脸不耐烦的服务员，然而塔莎却从来没有这样过。她的脸上总是挂着笑容，对待每一个人都非常和气，而且说起话来也很温柔。有人曾经开玩笑地说，他真的怀疑塔莎会不会大声说话。

女士们可能会认为，一个冠军或奖牌并不能说明什么，也不能代表所谓的"柔道"女人有魅力，有可能英国那个小镇上的人就是喜欢那种类型的。

事实上，塔莎在餐馆工作的6年里，居然没有发生过一起争吵事件，这在别的餐馆看来简直是天方夜谭。虽然有些人就是抱着找茬心理去的，但是他们的"恶意"无一不被塔莎的"柔道"化解。一个不愿透露姓名的人说，他曾经故意到那家餐馆找麻烦。可是不管他怎么刁难，塔莎始终都非常和蔼。最后，这个人实在忍不住了，终于承认自己败在了塔莎的"柔道"之下。

女士们，我不知道你们现在是不是还能找出理由来反驳我的观点？如果真的是那样，那么我只好再给女士们说一件真实的事情。

一个周末，我约了老朋友肯尼迪·克勒曼一起共进午餐。其间，我发现他有些不高兴，就问他是不是发生了什么事。肯尼迪叹了一口气，说："真不知道怎么搞的，刚来的那个速记员简直笨得要死。作为一个打字员，她居然会经常拼错字，而且速度还很慢，记录也不准确。上帝，我怎么会想到雇用她。"我说："如果是这样的话你应该和她谈谈，实在不行就辞退她。这么做不是伤害她，因为也许她更适合别的工作。"肯尼迪点了点头，表示同意我的观点。

几年后，当我再一次和肯尼迪说起这件事的时候，他居然有些沮丧地说："记得我和你提起过的那个速记员吗？真遗憾，她已经准备结婚了，所以只好辞职。"我有些不解地问："难道你没有辞退她？她不会是在很短的时间里就取得了那么大的进步吧？"肯尼迪笑了笑说："进步？不，事实上她现在还是经常出错。"我更加迷惑了，就问："那你为什么没有辞退她？"肯尼迪说："本来我是打算辞退她的，但是后来我发现我做不到。她虽然工作能力不强，但是却能给整个办公室带来一种非常舒适的感觉。你知道吗？这种感觉以前是没有的。她很温柔，对待每一个人都一样，因此整个办公室工作人员的关系相处得都很融洽。她是人际关系的润滑剂，正是因为有她存在，所以才减少了很多摩擦。"

我想，这时的女士们一定个个摩拳擦掌，都想学习一下有关"柔道"的技巧。我这里有一些建议，希望能够给女士们提供帮助。

如何成为"柔道"高手
- 学会对所有人都微笑；
- 说起话来莺声细语；
- 不与任何人发生争吵；
- 学习一切处理人际关系的技巧。

一个懂得"柔道"的女人，首先就要是一个会微笑的女人，因为微笑是打开对方心灵的一把钥匙。试想一下，如果你对面站的是一个愁眉苦脸、郁郁寡欢的女人，你怎么可能把她与魅力联系起来？事实上，所谓"柔道"就是以最温和的方式打动对方，而这种温和方式的最佳表现途径就是微笑。曾经有一位诗人说："微笑是世界上最有魅力的表情，能让所有人都感受到温暖。"

既然是"柔道"，那么温柔就是必不可少的，而最能体现女性温柔的地方莫过于你说话的声音。当然，我所说的"莺声细语"并不是那种胆怯的、害羞的轻声说话，而是一种将自己内心柔情的一面展示给对方的方法。如果女士们能够做到这一点，再配上微笑的脸庞，那么相信没有人会不被你的魅力所折服。

第四章

让中意的男人喜欢你

世界上最颠倒众生的,不是美丽的女人,而是最有吸引力的女人。

——〔中〕柏杨

为悦己者容

女士们在赶赴约会之前都会做哪些准备呢?是坐在家中默默等待约会的到来,还是抓紧一切时间精心打扮一下自己?我想大多数女士会选择后者,因为她们都想让自己喜欢的男人看到自己漂亮的一面。这不是虚荣,更不是虚伪,而是一种正常的心理。事实上,很多女人都以在男人面前"炫耀"魅力为荣耀。

对于后者,我们暂且不说,先说说那些不愿打扮的女性。这种女性往往独立和自主性比较强。在他们看来,取悦男人是一件耻辱的事情。特别是一些女权主义者，她们更不会为了男人而去梳妆打扮，用她们的话说："我穿什么衣服，化不化妆，这都是我自己的事，和任何一个男人都丝毫没有关系，即使是我所爱的男人。"

如果女士们有这种想法，那么我奉劝你们最好早点儿放弃，因为你们还没有做好争取爱的准备。的确，爱是不能以外表来衡量的，虚有其表的爱情不是真爱。然而，女士们不得不承认，男女之间产生爱情的第一步就是感官上的认识，主要是视觉和听觉。试想一下，如果你没有给一位男人留下很好的第一印象的话，那么想要和他继续交往将是件很困难的事。

美国职业婚姻介绍所所长艾瑞克·庞德在一次演讲中说："我们曾经安排过几千对男女约会。根据我的经验，那些双方都很重视约会，并且愿意为约会而精心打扮一番的男女的成功率要远比那些有一方或双方都不愿打扮的男女的成功率高得多。其中，如果女方在约会的时候没有修饰自己的话，那么第一次约会的成功率几乎很小。这并不是说男人都很好色，而是因为如果一个女人不化妆，穿着很随便的衣服去约会的话，那么男人就会觉得她是在轻视自己，从而放弃与她交往的想法。"

我觉得艾瑞克最后一句说得非常好，相信女士们还记得，在前面的文章中我多次提到过"深具重要性"这个词。是的，男人是一种自尊心很强的动物，特别是当他们与女人交往的时候，更希望满足自己的自尊。因此，女士们穿上自己精心挑选的衣服，化上适宜的妆的做法并不是取悦男人，而是满足男人的自尊心。当满足了男人的自尊心以后，女士们实际上就已经把男人征服了一半。其实，男人就是这么简单的动物，他们找妻子有时候就是为了满足自己的自尊心。

因此，女士们，我奉劝你们放下自己的"自尊心"，不要把为了男人而打扮看成是一件非常可耻的事情。事实上，你们这样的做法非但不会让男人轻视你们，反而会赢得男人更多的青睐，因为他们喜欢你们重视他。

有一次，我和妻子在我家附近的一家餐馆吃饭。其间，我听到坐在不远处的一对青年男女正在争吵，很显然，他们是一对热恋中的情侣。那个男的说："难道你就不能换一个发型吗？我说过了我讨厌这种爆炸式的发型。"女的有些委屈地说："怎么？你为什么不喜欢？你凭什么不喜欢？这可是今年最流行的。"男的有些激动，说道："什么流行不流行，我更喜欢以前长发披肩的你。还有，你再看看你的这身衣服，难道就不能穿得淑女一点吗？干吗把自己打扮得像个舞女一样？"小伙子的话的确有些过分，所以那个女的也生气地回敬道："我像个舞女？那你为什么还和一个舞女待在一起？你这个不知好歹的家伙。你知道吗？为了这次约会，我整整准备了一个星期，就是想给你一个惊喜。可你呢？不但不称赞人家一句，反而还要污辱我！"男人也不示弱，说道："惊喜？是够惊喜的！难道你不知道我喜欢淑女类型的吗？你以前不是挺好的吗？干吗要穿成这样？上帝，我怎么会喜欢这样一个女人？"最后，这对恋人的午餐不欢而散。

回到家后，我和陶乐丝谈论起这件事情，我问她："你觉得导致这场争吵爆发的主要责任在哪一方？"陶乐丝笑了笑，说道："哪一方也不是，其实这些问题在你的书中都提到过。那个男孩应该站在女孩的角度考虑问题，而那个女孩则应该根据男孩的兴趣打扮自己。

他们真应该去上你的辅导课,学习一下究竟该如何与对方相处。"我笑了,说:"是的,但我认为更应该改变的是那个女孩。我并不是说一定要女人为男人付出,但要想解决问题必须要有一方做出让步。事实上,以我的眼光来看,那个女孩的确更适合淑女装。既然她本身适合而且男朋友也喜欢,那么为什么不改变自己呢?要想得到一个男人的心,有时候做一下牺牲也是必要的。"

女士们,正因为我的这本书是写给你们的,所以我才要求女士们改变自己。这是因为,我写下这本书的目的就是教会女士们如何主动出击,为自己获得一份渴求已久的爱情。其实,很多女士都有这样一个错误的观念,那就是她们认为精心打扮是自己的事,只要自己喜欢的,那么对方也一定会喜欢。每个人的审美观点都是不一样的,特别是男人在看待女性的时候往往有一套他们自己的审美观念。如果女士们不顾男士们的想法,执意要根据自己的意愿来梳妆打扮的话,那么结果肯定是会让每一次约会都不欢而散。

人际关系方面的专家约翰·查尔顿在《少男少女》杂志上曾经这样写道:"青年男女恋爱成功的第一个前提就是让对方有一种愉悦感。这一点对于女士们更为重要。作为女性,你们不妨按照男人的意愿来打扮自己。虽然那会让你们觉得有一点委屈,但却可以让你心中理想的对象更加爱你。从心理学角度来说,男人看到一个女人愿意为了自己而改变,那么他就会认为这个女人十分的爱他。通常情况下,男人在面对这种女人的时候都会紧抓不放,因为他们希望自己有一个懂事的妻子。"

亨利是个年轻帅气的小伙子,而且还是华盛顿一家大公司的总经理。这样,亨利自然就成了女性心中的抢手货,因此追求他的女性不计其数。可是，这个亨利却是出了名的"冷酷汉"，不管什么样的女人都不能打动他的心。他曾经对外宣称，自己终生都不会娶妻，因为没有一个女人值得他去爱。

然而，就在几天前，《华盛顿邮报》以醒目的标题刊登了一篇名为《昔日单身贵族，今朝已要结婚》的文章。一时间，所有人都议论纷纷，都想知道这位神奇的姑娘到底是什么样子。当时，人们都猜想这个姑娘一定是美若天仙，说不定还是出身贵族。然而，当婚礼举行的时候，所有的人都大吃了一惊，亨利的妻子虽然漂亮，但是并不是十分超群。而且，她以前不过是亨利手下的一个小职员而已。

当说起这段感情时，亨利直言不讳地说："正是她的一片真诚打动了我。"原来，那位姑娘以前只不过是个打字员。她和其他人一样，早就对亨利有了倾慕之情。不过，她知道自己绝不可能和亨利在一起，因此从来没有向任何人透露过自己的秘密。

不过，这位姑娘心中深爱着亨利，因此一直都想为亨利做点什么。由于和亨利在一起工作，所以她多少知道一些亨利的喜好。亨利不喜欢太瘦的女孩子，因为他认为那样看起来弱不禁风。于是，这位姑娘就拼命地猛吃，让自己的体重增加了十几斤。亨利不喜欢化浓妆的女孩子，所以她每天就给自己淡淡地涂上一些妆。此外，她还留心观察亨利喜欢她穿什么样的衣服。只要亨利说一句不错，那么她就会一口气买下很多件这个类型的衣服。有一次，亨利突然说姑娘脸上的一颗黑痣影响了美观，结果她回家之后居然用刀把痣割掉。结果，她的脸上落下了一个疤。当亨利知道这一切以后，他的心向她敞开了，因为他觉得遇到一个肯为自己改变这么多的女人真是太难得了。就这样，两个人终于走进了婚姻的殿堂。

可能有些女士会大喊委屈，因为她们为了追求亨利也都曾经刻意装扮过自己。她们不明白，为什么一个打字员可以成功，而她们却不行。事实上，这些女士都犯了一个严重的错误，那就是没有站在亨利的立场上考虑问题。她们的确是打扮自己了，可那是按照她们的意愿进行的。有的女士为了吸引亨利的注意，拼命地减肥，因为她觉得男人都喜欢苗条的女人。有的女士化上很浓的妆，因为她觉得男人都喜欢妖娆的女孩子。有的女士居然还穿上了暴露的服装，因为她觉得男人都喜欢性感的女人。事实呢？她们的做法恰恰是背道而驰，不但得不到亨利的爱，反而招来他的反感。

因此，在这里我有几个建议送给女士们，在你们决定和一个男士相处之前，请你们牢牢把它记住。

为悦己者容的好处

- 使男人获得自重感；
- 吸引男人的目光；
- 让男人愿意与你相处；
- 使你在男人心中的形象更美。

我需要对最后一点进行说明。我希望女士们能够为自己的男人打扮，那是因为这样做可以让你们获得男人的爱。不过，这种付出是有底线的，也是有前提的。并不是说女士们为了让男人开心就需要完全按照他的意思去做。有时候，一些不幸的女士会遇到有特殊癖好的人，如果女士不知道拒绝他们的话，那么恐怕婚后的生活也不会有幸福可言。

为心爱的男人打扮的原则
- 千万不要认为打扮自己是一件浪费时间和金钱的事情；
- 要站在男人的角度看问题，按照他理想中的形象去打扮；
- 为男人付出要有一定的底线。

挑战成功男人的爱情

在任何一位女性的眼中，成功的男人都是最有魅力的。当然，我所说的成功并不是简单地以金钱多少来衡量的。实际上，金钱只不过是成功的一种表现，真正成功的男人还必须要有很高的品位。在如今，那种通过投机取巧的方法而一夜致富的暴发户在一个有追求的女性眼里是永远不能和成功男人画等号的。

事实既然如此，那么女士们要想挑战一个成功男人的爱情，获得成功男人的心，仅仅有迷人的外表是不够的。坦白说，只有那些不注重感情只注重感官的无知暴发户才会喜欢那种光有华丽外表的女人。一个真正的成功男人，他更看重的是自己的伴侣给自己带来的感觉。这种感觉很复杂，既包含成就感、依赖感，也包括轻松、愉快以及美的感觉。相比于外表来说，成功男人更看重的是对方的内涵和修养。

要想获得成功男人的爱情，女士们首先要端正自己的目的。我们不得不承认，很多女士看重的并不是成功男人的魅力，而是他们的财富。也就是说，那些女士追求成功男人的最终目的就是为了获得物质上的享受。如果女士们抱的是这种想法的话，我还是劝你们选择放弃。因为一个人内心的真实想法一定会在她平日里的一举一动中表现出来。不管她们如何掩饰,对方总是会有所察觉的。更何况随着社会的发展,拥有这种心理的女性越来越多,导致那些成功男人的警惕心理越来越高。

纽约一家大型零售公司的老板鲁伯特·唐德曾经直言不讳地说:"很多女人都单纯地认为男人只会把眼睛放在女人的脸蛋上,特别是那些有钱的男人。那些自恃容貌漂亮的女人往往认为只要她们向男人抛个媚眼过去,对方就一定会拜倒在她们的石榴裙下,然后就可以过上物质优越的生活了。其实,每一个想要得到爱情和幸福的男人都不会喜欢这种女人,当然除非那个男人只是为了享乐。老实说,女人的这种做法可能会让她们得到一时的痛快,但最终吃下苦果的也是她们。"

鲁伯特·唐德的这种想法并不是一朝一夕形成的。他曾经对我说,他遇到很多这种目的性过强的女性。有一次,他在舞会上认识了一位非常迷人的女士。从外表看这位女士完全可以用"超凡脱俗"这个词来形容。鲁伯特能感觉到,那位女士对他也有好感,于是两个人开始尝试着交往。

然而,一个月后,鲁伯特发现这位女士并不是想要找个丈夫,而是希望找个能给他提供物质享受的机器。一次,鲁伯特问她对自己有什么要求,那位女士想了想说:"我希望你能赚很多钱。"鲁伯特有些失望,问她对自己还有没有其他要求,那位女士说:"那就是赚更多的钱。"从那以后,鲁伯特再也没和她有过任何联系,因为他对这种只看重金钱的女性没有一点兴趣。

因此,女士们在展开行动之前,首先要问自己:"我到底是不是真心喜欢他？我究竟喜欢他什么？我一直在追求的是什么？"如果女士们能够给自己找到一个与金钱关系不大的合理答案，那么你们就可以为下一步的行动做准备了。

如何获得成功男人的爱
- 让自己与别人不一样，吸引他的注意；
- 对他表示支持和理解；
- 愿意和他共同分担痛苦；
- 满足他的成就感和虚荣心。

其实第一点对于女士们来说应该不成问题，因为在前面的很多文章中都有教过女士如何彰显自己的魅力。如果女士们能保持住自己的个性，让自己魅力四射的话，相信单就吸引成功男人的眼球来说，并不是一件非常困难的事情。

第二点和第三点很重要。首先，成功男人往往都会把事业放在最重要的位置，因此在爱情、家庭方面经常会表现为关心不够。比如，他可能和你约好了周日去逛街，但却突然被会议打乱了计划；他一直都答应和你共进晚餐，但却每天都工作到深夜；他早就已经答应去你家拜访，可工作却一直没有给他这个机会……面对这些情况，女士们该如何处理？如果你们选择和他大吵大闹或牢骚抱怨的话，恐怕就已经从侧面降低了他对你的好感。的确，他知道自己屡次失约是不对的，但他更希望你能够真心地理解他和支持他。因此，女士们首先要做好心理准备，那就是男人的成功是在事业上。当男人不得不花费大量的时间和精力去经营他的事业时，女士们所要做的就是对他们表示支持和理解，让他知道你是站在他的角度考虑问题的。

此外,一个人取得成功不可能是一帆风顺的,在通往成功的道路上总会遇到坎坷,对于成功的男人来说也是一样。当他的事业出现问题时,如果你能够坚定地陪伴在他身旁,和他风雨同舟,并与他分担失败所带来的痛苦,那么你就必将成为他心目中的女神。

迪卡尔先生如今已经是犹他州最大的汽车部件供应商,然而,就在几年前,他的事业曾经遭受过重创。那段时间,迪卡尔先生的公司非常不景气,很多汽车制造商都不愿意与他的公司合作。整整半年,迪卡尔先生的公司没有接到一项业务,整个公司面临破产的危险。

这时,很多人都离开了他,包括公司的职员、以前的合作伙伴等。不过,这一切都是在迪卡尔的预料之中的,因为别人也要生存。然而,就在迪卡尔情绪低落,最需要帮助的时候,他的女友也突然选择了离开,这对迪卡尔来说无疑是"雪上加霜"。

正当迪卡尔一筹莫展的时候,他的女秘书安洛林·图斯出现了。安洛林没有离开迪卡尔,而是选择留在公司和他一起渡过难关。原来,安洛林早就暗恋迪卡尔,只是因为各种原因而始终未曾表白。如今,迪卡尔的事业遇到了困难,很多人弃他而去,这让安洛林很伤心。因此,她决定留在迪卡尔身边,帮助他渡过难关。

安洛林除了在工作上帮助迪卡尔以外,还负责处理迪卡尔的生活问题,好让他把全部的精力都投入到工作之中。最后,在他们的共同努力下,迪卡尔的公司起死回生,业绩也一天比一天好,而安洛林也成为了迪卡尔太太。

当回忆起那段时光的时候,迪卡尔说:"我真的非常感谢我的妻子,如果不是她坚定地支持我,恐怕我也很难重新振作起来。说实话,那时候的我真不知道该怎么办,因为一切都已经变得一塌糊涂。可是,安洛林鼓励我,让我不要灰心,更不要放弃。在她的鼓励下,我终于度过了那段最困难的时期,而我的事业也重新走上了正轨。

"这时,我的前女友得知了这一消息,马上找到我要和我重归于好。虽然当时我不太愿意,但还是答应了。可不想,安洛林却离开了我。我这时才明白安洛林内心的想法,也抱怨她为什么不早点儿和我说。在她离开的那段时间里,我根本无法投入工作。也就是说,我已经深深地爱上了她。安洛林不如我的前女友漂亮,但她却愿意和我承担一切痛苦。因此,我最后还是选择了她,而且永远都不会后悔。"

女士们,安洛林之所以能够和迪卡尔走到一起,完全是因为她坚定地选择与对方共同承担痛苦。事实上,成功的男人心理更加脆弱,当他们遇到困难和挫折时,比普通人更需要别人的支持。因此,当你心仪的成功男人遇到挫折时,不管是哪方面的,你都应该站出来和他一同承担。

至于说最后一点,相信对于女士们来说也不是很困难。道理很简单,凡是成功的男人毕竟有野心,有野心也就意味着有虚荣心。因此,女士们要不时地对他们表示称赞和夸奖,从而满足对方心理的成就感和虚荣心。这不是虚伪的做法,只不过是一种灵活的心理战术而已。

除了上面几个方法之外,我还有两点建议送给女士们。

与成功男人交往的禁忌

● 千万不要四处张扬；
● 永远不要纠缠不清。

罗根先生是在一个偶然的机会认识了美丽的安娜小姐。起初，罗根告诉安娜自己在纽约的一家大公司工作。安娜并没有觉得这有什么不妥，而且表示愿意和罗根继续交往。

三个月后，两人的感情越来越近，最后罗根告诉安娜，自己是那家公司的总经理。安娜简直不敢相信自己的耳朵，原来自己的男朋友居然是年薪几十万美元的成功男人。和其他女孩子一样，安娜表现得非常兴奋，而当时的罗根也只是笑呵呵地看着她，并没有说什么。

可是，一段时间以后，罗根先生开始厌烦安娜。原来，自从得知罗根的真实身份以后，安娜就到处炫耀，逢人就说："你知道吗？我的男朋友是纽约大公司的总经理，年薪可是几十万美元啊！"

最后，罗根实在忍无可忍，对安娜说："对不起，安娜，我们分手吧！我承认，我可以炫耀也可以张扬，而且我也绝对有资格那么做，但我不想。一个张扬狂妄的人永远都是肤浅的，即使他取得了成功也不过是暂时的。很遗憾，我想我们并不适合对方，因此还是分开的好。"

我猜安娜一定会后悔好一阵子，因为她本来完全可以避免这种事情发生的。不过，从那以后，她也明白一个道理，那就是一个成功的男人绝对不会喜欢一个张扬的女人。

此外，即使一个普通的男人也绝不能忍受一个女人的纠缠，更别说是一个成功的男人了。我要说的是,女士们千万不要妄图采用纠缠的办法来获得男人的心,那样的话只能增添他们对你的厌恶感。

女士们,成功的男人同样需要爱情,但他们需要的是一种有分寸的爱情。女人一生只有一个伴侣,那就是自己的爱人,而男人却有两个,一个是自己的爱人,另一个是自己的事业。因此,女士们要想挑战成功男人的爱情,必须先让自己拥有成为成功男人的伴侣的条件。

多谈论他感兴趣的话题

爱的前提是喜欢,女士们要想获得自己心仪男人的爱,首先要做的就是让他喜欢你。我想女士们都希望自己成为别人眼中的受欢迎者,无一例外地渴望自己能够得到其他人的喜欢,让别人对自己产生兴趣。可是,很多女士都抱怨说,她们发现与人沟通是一件非常困难的事。事实上,她们已经做出努力了。当与别人交谈时,她们总是尽力地去寻找一些话题,希望以此来打开沟通之门。然而,她们得到的结果却往往是别人这样的回答:"对不起,我对你所说的事情一点都不感兴趣。"

在前面的文章中,我不止一次地提到过,如果女士们想变成处理人际关系的高手,那么你们就应该向那些成功人士学一下。罗斯福是美国历史上最伟大的总统,也是与人沟通的专家。布莱特福在他的著作中曾经写道:"罗斯福拥有一种神奇的魔力,他可以和任何阶层的人自由地交谈,并且赢得对方的好感。不管是牧童、农民、士兵、政客又或是一名外交家,罗斯福似乎都知道该和他们说些什么。我一直在思考,罗斯福究竟是怎么做到这一点的呢?"

布莱特福虽然发现了罗斯福的技巧,却没有找到答案,而我却知道。其实,罗斯福并没有魔力,他只是在接见每一位来访者之前,都会在前一天晚上找一些资料,而这些资料都是和客人所感兴趣的话题有关。罗斯福总统这么做的原因只有一个,那就是找到可以令他人感兴趣的话题。

因此,我们得知,罗斯福总统和其他领袖一样,懂得该如何与人沟通。他的诀窍就是谈论他人感兴趣的话题。

女士们,相信你们现在知道为何不能很好地与人沟通了吧!你们最根本的错误就在于,当你们与人沟通时,你们最初的出发点是"你要说什么",而不是"他要说什么"。因此,你所选择的话题是不会让别人感兴趣的,也不会得到别人的认同。

弗拉尔女士是耶鲁大学的教授,他在一篇关于人性的文章中写了这样一个故事,内容就是关于如何与人沟通的。

那一年她8岁,一个周末的下午,她独自一人去拜访她的婶婶黎慈莱,并且要在她家度假。一天晚上,有一个中年男子来拜访。这名男子在与婶婶互相问候之后,就开始和弗拉尔交谈起来。

那次谈话真的非常愉快,因为弗拉尔当时对船非常感兴趣,而那位客人谈论的话题一直都围绕着船,所以弗拉尔觉得非常有趣。等到客人走了之后,弗拉尔对婶婶说:"哦,婶婶,他是我见过最棒的人!你看他,多好啊,对船那么感兴趣,这真是太妙了!"然而,婶婶却对她说:"你错了,我的弗拉尔,事实上他是纽约的一名律师。至于说船,他其实根本一窍不通,更谈不上什么感兴趣了。"弗拉尔觉得很奇怪，就问婶婶："可我不明白，既然他对船不感兴趣，那么为什么还一直和我谈论船的事呢？"婶婶说："道理很简单，因为这位律师是一个非常高尚的人！他察觉出你对船十分感兴趣，因此就找那些能够让你喜欢，并且可以使你感到愉快的事情来交谈。当然，这也让他受到别人的喜欢。"

弗拉尔教授在那篇文章的最后这样写道："我永远都记住了婶婶的话，因为从那以后我明白，如果想让别人接受你，那么就找一个他感兴趣的话题。"

的确，男人都是天生的"自大狂"，她们总是希望别人能够围着自己转。男人在思考问题时，有他们自己特殊的方式，比如他喜欢吃辣椒，那么他就认为全世界的人都应该喜欢吃辣椒，否则就不属于正常人。因此，当与人交流时，他们认为世界上最有趣的、最值得谈论的话题是那些他们所感兴趣的，否则就是枯燥乏味的。正是因为男人们存在这样的心理，所以女士们在与他们交流的时候应该找他们最感兴趣的话题。

我妻子的一位朋友名叫凯西，这位女士虽然已经是两个孩子的母亲了，但却依然热衷于参加童子军。大家都知道，美国是从1927年才开始有女童子军的。在那个经济大萧条的时代，男童子军想要获得别人的赞助尚且十分困难，更别说是刚刚成立的女童子军了。

有一次，欧洲要举行一次童子军大露营，凯西女士想带领她的童子军去参加。思前想后，她意识到自己需要一个人的帮助，于是她敲开了美国一家大公司经理的门，希望能从他那里得到童子军旅费的资助。在拜访这位经理之前，凯西就听说他曾经开过一张100万美元的支票，这在当时是很少见的。当这张支票被退回来以后，这位经理把它放在了自己的镜框里。

因此，当凯西和经理见面后，她所说的第一件事就和那张支票有关。凯斯说："这真的让我很震惊，那可是一张100万美元的支票啊！在此之前，我可从来没有听说过有谁开出100万的支票！而今天，我居然能够亲眼看见。我回去一定会对我的童子军队员说，我亲眼看见过一张100万美元的支票。"凯西的话显然引起了经理的兴趣，他马上就把那张支票拿出来展示。凯西对经理说，她很羡慕，并且希望他能够把详细的经过讲述一遍。

故事到这里暂告一段落，细心的女士会发现，凯西女士从始至终都没有说什么童子军或是露营。她的话题始终围绕对方感兴趣的话题展开。女士们，你们知道最后的结果是什么吗？我们再来看故事的后半部分。

当把自己的神奇经历讲完之后，经理对凯西说："对了，说了半天，我还不知道你来找我有什么事呢？"于是，直到这时凯西才把自己此次前来的目的说了出来。当时的情景真的很让人吃惊，因为那位经理不但爽快地答应了她的条件，而且比她所要求的还多得多。当时，凯西只是希望他能够资助一名童子军，结果他竟然一口气资助了6名童子军。此外，这位经理还愿意让凯西和她的童子军在欧洲住3个星期。不光这样，他还写了封介绍信，把他介绍给分公司的经理，并让他们提供帮助。之后，经理又亲自来到了巴黎，并且给童子军们做起了免费的导游。

在这次活动之后，那位经理经常关注凯西童子军的动向。他还给那些出身贫寒的童子军提供了一些工作机会，直到现在他们依然还很积极地工作着。

后来，每当凯西说起这件事的时候都会说："我很幸运在一开始选对了方向，因为如果我当初没有找到他最感兴趣的话题的话，那么恐怕他就不会那么高兴。如果他不那么高兴，那么接近他将会变成一件非常困难的事。"

凯西女士说得非常正确，谈论他人感兴趣的话题的确可以给你带来很大的好处。

我们不妨打一个比方，男人就是顾客，女士们就是商家。想让男人们接受你，也就相当于让男人买你们的商品。那么，作为顾客与商家之间的沟通，这种方法有效吗？

达夫诺公司是纽约一家快餐公司，达夫诺先生一直都想让纽约的一家旅馆长期订购他们的快餐。为了这宗大买卖，达夫诺先生做了近4年的努力。他几乎每星期都去拜访这家旅馆的经理，而且还经常参加这位经理举行的各种活动，有时甚至会在里面订几个房间。然而，虽然每次达夫诺先生都能够受到礼貌的接待，但却始终没有谈成这宗生意。

后来，达夫诺先生专门去参加了我的培训课，希望从我那里得到一些帮助。当他问我到底该如何做才能让那位经理接受他时，我马上就把这个方法告诉了他。于是，他下定决心，一定要找到那个人最感兴趣的东西，也就是说找到他最热心的事情。

通过一系列的调查，达夫诺先生得知，这位经理是美国旅馆招待员协会的成员，而且还非常想成为这个协会的会长，甚至于还梦想着有一天能够当上国际旅馆招待员协会的会长。为了实现自己的梦想，只要协会举行大会，不管在什么地方，他都会不辞劳苦，只身前往。

于是，达夫诺先生再一次敲开了经理的大门，迎接他的依然是那张和蔼可亲但却又不容商量的脸。达夫诺先生开始和他谈论起有关招待员协会的事。这次，他获得了意想不到的收获，因为那个人的反映出奇的好。以前都是达夫诺先生苦口婆心的劝说经理，这次却是他滔滔不绝地讲述着有关招待员协会的各种事情。他显得非常激动，这从他的语气和语调中可以判断出来。达夫诺先生可以确定，自己确实找对了方向，因为那的确是那个人的业余爱好。在离开办公室之前，那位经理还不忘对达夫诺说："我觉得你应该考虑一下加入这个协会，它对你非常有好处。"

在整个谈话中，达夫诺始终没有提到订购快餐的事。不过，就在几天以后，那家旅馆的一位负责人打来电话，希望达夫诺先生能够带一些样品及报价单来。事后，达夫诺先生找到了我，对我说："卡耐基先生，真的是太难以置信了！4年了，我整整劝说了他4年。在这4年里，我用尽了各种办法，但始终都无法劝说他。如果不是您提醒我找到他感兴趣的话题，恐怕我现在依然还在做着无用的努力。"

因此，女士们，如果你想让中意的男人喜欢你，如果你想让他对你产生兴趣，那么最好的办法就是谈论他最感兴趣的话题。

认可他，崇拜他

赫斯勒·霍夫曼先生是一名普通的教师。虽然他已经很努力地工作，但却始终没有取得什么成就。也就是说，赫斯勒先生是那种再普通不过的教师。也许正是因为这点，赫斯勒先生一直没有找女朋友，用他的话说："我是一个每月只能领到微薄薪水的教师，有哪一位姑娘会看上我呢？"其实，赫斯勒先生还是不错的，虽然收入不高，但也足够维持生活。同时，赫斯勒先生还是一个心地善良、热情好客的人。事实上，有很多姑娘都曾经追求过他，但却都被他一一拒绝了。

后来，赫斯勒在一位朋友的家里认识了苏菲小姐。两个人非常投缘，一见面就谈得很投机。虽然赫斯勒对苏菲小姐很有好感，但却因为自卑而不敢表达。苏菲小姐好像看出了他的心思，就问赫斯勒是做什么工作的。赫斯勒有些不好意思地说："我……我不过是一名普通的教师而已。""真的吗？我最崇拜的就是教师了。"苏菲小姐真诚地说："一直以来，我都认为教师是世界上最神圣的职业。"赫斯勒显然不敢相信自己的耳朵，惊讶地问："苏菲小姐，你不是开玩笑吧？这可是一份没有前途的职业，而且收入也不是很高。"苏菲笑着说："不，你不要那么想。我从来不用收入来衡量一个人是否成功。我觉得，你就是英雄，因为你培养出了很多人才。"赫斯勒先生有些激动地说："太感谢你了，苏菲小姐，我现在才觉得自己应该感到自豪。只是……只是不知道你是否愿意和一个你心目中的英雄交往呢？"结果，苏菲小姐很爽快地答应了。

"其实，在很早以前我就开始注意他，而且也暗自喜欢上他。不过，我知道他是一个因为自卑而不敢谈恋爱的人，所以我决定采用我的方法让他向我敞开心扉。我对他表示肯定，并且让他相信我是崇拜他的。最后，我丈夫终于不再自卑，也接受了我的感情。"这是苏菲小姐在我的培训班上的讲话。在这之前，她曾经向我请教该如何抓住一个男人的心。我清楚地记得,当时我告诉她说:"很简单,那就是认可他、崇拜他。"

苏菲小姐非常聪明,因为她很快就学会了我所传授给她的方法,并且还能够灵活运用。的确,女士们要想获得男人的爱,首先就要让男人对你产生好感,愿意与你接触。如果一个男人和你接触以后,发现你狂妄自大、目中无人而且还说话十分刻薄的话,相信他一定不会觉得找你做女朋友是个好主意。

女士们如果想在最短的时间内获得男人的好感,最好的方法就是认可他、崇拜他。这是因为,所有的男人都是自尊心非常敏感的,他们都渴望得到自己身边人的认可,特别是自己的伴侣。因此,满足他们的自尊心便是获得他们好感的最有效方法。

我知道,很多女士的自尊心也很强。她们认为,如果女人都去崇拜男人的话,那么无疑又回到了过去男尊女卑的社会。在她们看来,男人希望自己的妻子或伴侣对他们崇拜,无非就是想满足他们的大男子主义心理。这是对女性的一种不尊重,也是对新时代和新社会的一种挑战。

我并不是在这里毫无根据地去猜测女士们的心理,事实上很多女士都是这样认为的。曾经有一个女学员对我说:"什么?卡耐基先生,你怎么也是这样的人?我为什么要认可一个男人,他真的已经做到位了吗?你居然还叫我崇拜他,这是多么荒唐可笑的事啊?"

其实女士们大可不必这么激动,应该先让自己冷静下来。接着,我们再来听听专家的意见。婚姻心理学博士卢卡德·帕内尔曾经在一篇论文中这样写道:"男人都有一种心理,认为只有崇拜他们的女人才会对他们产生强烈且持久的爱情。事实上,男人是想通过女人对他们的崇拜而获得一种满足感。在他们看来，女人对男人的爱是以崇拜为基础的。女人崇拜男人，那么就势必会渴望与心目中的英雄生活在一起，从而才能产生爱。事实上，这是一种雄性征服和占有欲望的体现。因此，聪明的女性往往都善于使用这一技巧，尽管有时候并非出自她们的本心。"

芝加哥心理学教授迪斯勒·肯特也曾经做过一项调查，他让100名男士写下他们愿意和什么样的女士交往。结果，只有不到十分之一的人选择愿意和自己的上司或比自己能力高的人交往，而剩下的人都选择愿意与"不如"自己的女性交往。当迪斯勒问他们原因的时候，很多男人回答说："一个男人怎么可以让妻子超过自己呢？虽然这有些大男子主义，但男人的自尊心比任何事情都重要。"是的，女士们必须清楚，男人想获得女性的崇拜和认可并不关大男子主义的事，实际上那不过是他们本性的体现。

此外，我知道女士们还有一种担忧，那就是害怕会"惯坏"自己的男人。曾经有一位女士对我说："我知道应该这么做，这也的确很有效。可是，我很害怕，因为如果我在婚前那么做的话，很可能会让他把这种优越感带到婚后，恐怕到那时我的日子就不会好过了。他会像国王一样对我发号施令，还会像使用女佣一样指示我做这做那。为了不让他养成这种坏习惯，我是绝对不会在婚前纵容他的。"

其实，女士们大可不必担心，因为很少有男人是真正的"权力狂人"。事实上，如果女士们认可他、崇拜他，那么不但不会把他们"惯坏"，反而会让他们更加爱你们。这不是我说的，是我姑妈告诉我的。

我的姑父和姑妈一直都是我心中的"模范夫妻"。在我的印象中，他们一直都很恩爱，好像从来没有吵过嘴。如今，他们已经结婚 30 年了，但一切却都好像刚刚结婚时的样子。当我问姑妈有什么秘诀的时候，姑妈神秘地说："你姑父永远是我心目中的英雄，难道你会和你的偶像吵架吗？"

说实话，我真的不知道姑父究竟有什么魅力让姑妈如此崇拜他，把他当成心目中的偶像，但我可以肯定姑妈这种做法确实使得他们的家庭关系非常和睦。当和陶乐丝结婚以后，我又一次专程拜访了姑妈，希望她能够把秘诀传授给我。

姑妈听完我的要求后，笑了笑说："坦白说，我们之所以能够一直都和睦相处，很大程度上是因为我的努力。在你们看来，你们的姑父是个普通的农民，也没有什么特长，更谈不上什么成功，但在我看来却不是。他勇敢、坚强、冷静，没有什么事能够让他倒下。尽管这在别人看来不算什么，但我就是认为他是我的英雄，因为他爱我，而且还养活了这个家庭。戴尔，你想象一下，如果你的妻子十分地崇拜你，你会不会永远爱她。"

的确，姑妈说得很对，如果陶乐丝对我表示崇拜的话，那么我将会一如既往地爱她。后来，我把这些话转达给了陶乐丝，她笑呵呵地对我说："怎么？难道你不认为我一直都是这样做的吗？"的确，陶乐丝不止一次地和我说过，我在她的心目中是最伟大的心理学家兼丈夫。

女士们，仅仅是一个认可和崇拜的做法就将给你们带来无穷的好处。在婚前，你可以吸引他的目光；在婚后，你又可以让你们的关系永保亲密。我想，没有一个人会不愿意去使用这个技巧，除非你不想结婚。

认可和崇拜对方的小技巧
- 一定要发自真心；
- 善于发现他的优点；
- 要勇于表达自己的想法。

其中的第一点很重要。事实上，不管做什么，真诚永远都是第一位的。如果女士们仅仅是为了讨男人欢心而去崇拜或认可他们，那么结果有可能会适得其反。有一次，一个刚和女友分手的男士说："我真受不了她了。如果她真的认为我没用，大可以直接告诉我，没必要表现得那么虚伪。虽然她嘴上说我已经做得很好了，但从她的语气和表情可以看出，她对我是多么地不屑。"由此可见，违心地认可和崇拜是不会被男人所接受的。

其次，还有一些女士觉得很困惑，那就是她们的确是想崇拜和认可对方，也知道这种做法的重要性，可是对方身上却真的很难找到让他们崇拜的地方。如果是这种情况，那我就建议女士们再看一看我举的苏菲小姐和我姑妈的例子，看看他们是怎么做的。事实上，并不是只有成功的男人才有优点，很多平凡的男人也一样有，只不过没有那么突出罢了。我相信，只要女士们善于观察，是一定会发现他们的优点的。

第三点也很关键，尽管女士们从心里已经崇拜和认可你心仪的对象，但是如果你不将自己的想法表达出来的话，对方也不会知道的。这样一来，你的认可和崇拜也就失去了意义。

最后，我还想和女士们强调一点。我鼓励女士们去崇拜和认可你心仪的男人，但这一切的前提必须是女士有正确的判断和价值观。

有些女士，特别是一些年轻的女士会把男人一些不好的习惯当成崇拜的对象，这无疑是一种错误的做法。

女士们，获得男人的心并不是很困难的事情，只要你们愿意付出，能够发自真心地认可和崇拜他，那么你们就一定可以得到梦寐以求的爱情。

让他获得从未有过的关爱

每当人们提到男人的时候，总会联想到坚强、勇敢、豪气冲天等词语。如果有人站出来说男人也同样需要关爱的话，恐怕一定会招来别人的笑话。虽然如今有很多人都在倡导女权主义，但在所有人的心中却依然承认男人才是社会的主导。因此，去关怀男人简直是一件可笑至极的事情。正是在这种观念的指导下，使得很多人都忽视了男人脆弱的一面，从而想不到关爱男人。

墨西哥大学心理学博士鲁纳德·巴克里曾经说："男人是一种最矛盾的动物。他们一方面坚强，希望自己能够承受住来自各方面的打击；另一方面又十分脆弱，希望有人能够给痛苦的他们以安慰和关怀。然而，男人的自尊心是非常强的，因此他们宁可自己承受巨大的压力，也绝对不会主动去向别人乞求关爱。"

实际上，鲁纳德的话中包含着两层意思：第一层意思是说男人同样需要别人的关爱；第二层意思是说很少有人对男人表现出关爱。我想，鲁纳德是在暗示女人，因为这个世界上只有男人和女人两种。其实，鲁纳德的潜在意思是，女人应该学会给男人关爱。

然而，事实上女士们是如何做的呢？加州行为心理学专家迪勒斯·帕尔德曾经对 1000 名女性做过调查，问她们是否觉得关爱男人是一件很重要的事情。结果，绝大多数女人认为这是一种无谓的做法，而且还很可能会伤害到男人的自尊心。甚至有的女士还说："什么？要我去关爱男人？这真是我听到过的最好笑的事情。谁都知道，女人才是弱者，只有女人才需要关爱！至于男人，他们本来就该承受各方面的压力。这是他们生下来就该承担的责任。男人的自尊心比他们的生命还重要，你对他表示关爱，还不如让他去死。"

事实果真如此吗？安德鲁·希尔德曾经是美国最大的橡胶公司的总经理。这是一个在商场上叱咤风云、呼风唤雨的奇才。在所有人的眼中，他永远是一个铁汉的形象，没有任何事情可以击倒他，也没有任何事情可以打败他。如果我在这里和女士们说他需要关爱的话，那你们一定认为是天方夜谭。可是，安德鲁·希尔德在接受我的采访时曾坦白说："在我的坚强外表下，隐藏的是一颗脆弱的心。的确，在商场上我很坚强，但这并不代表我就能对那些压力视而不见。事实上，很多时候我都觉得自己有些喘不过气来，真想找个人倾诉一下，甚至大哭一场。然而，我却不可以这么做，因为没人会理解我。他们不会听我诉说，也不会允许我哭泣，因为我的形象永远都是成功者。其实，在我内心一直有这样的渴望，那就是找到一个能够给我精神和情感上关爱的妻子。"

女士们，安德鲁·希尔德并不是一个个例。事实上，很多外表坚强的男人在内心都是十分脆弱的。他们内心最渴望得到的就是女性的支持、理解和关爱。对于他们来说，女人的关爱要比美貌、气质、金钱重要得多。既然连最"坚强"的成功男士都如此渴望女性的关爱，那就更不用说是普通的男人了。

　　罗迪先生前前后后和5位姑娘谈过恋爱，但没有一次成功。他的家人很着急，几次问他其中的原因，而罗迪先生则总是找出各种各样的原因搪塞过去了。后来，家人通过朋友的帮助给罗迪介绍了一个新女朋友，名叫蒂娜。说实话，罗迪先生起初并没有抱太大希望，因为几次恋爱的结果都让他太失望了。可是，为了不让家人担心，罗迪还是前往了一家名叫"情人场"的餐厅，与蒂娜小姐见面。

　　蒂娜小姐很普通，没有出众的外表，也看不出有什么过人之处。本来，罗迪先生只是想敷衍一下，并没有考虑真的和蒂娜小姐谈恋爱。一见面，罗迪就一声不响地坐在了椅子上。蒂娜看了看他，说："你看起来很累，罗迪先生！"罗迪点了点头，没有作声。蒂娜接着说："像你这种情况本不应该约我在餐厅见面，其实档次稍高一点的咖啡馆更合适一点。"罗迪有些吃惊地问："哦？蒂娜小姐为什么会这么认为？"蒂娜笑了笑说："劳累了一天怎么还会有心情吃东西呢？不如要上一杯咖啡，两个人听着音乐，坐在一起聊天。这样可以让你的精神得到放松。"罗迪有些伤心地说："你真的这么觉得？不可思议，我以前的那些女朋友从未和我说过这些话。当我和她们约会的时候，她们总是抱怨我没精打采，而且还要求我和她们一起去疯狂。事实上，我已经累得不愿意做任何事了，更别说去玩。"蒂娜点了点头说："那是她们不懂得男人也需要关爱，以后我们的约会可以按照你的状况来安排。如果你今天很累，那么我们就找个雅致的地方休息一下；如果你今天心情不好，那我们就到酒吧去喝上一杯；如果你内心的压力实在太大，那我们就找个僻静的地方，让你好好倾诉一番或大哭一场。总之，只要能排解你心中的苦闷就好。"罗迪简直不敢相信自己听到了什么,他觉得这是他有生以来听到的最动听的话。他几乎是眼含着热泪对蒂娜说:"你是我见过的最善解人意的女性,你就是我一直在等待的女神。"

后来,当我问蒂娜当初为什么那么做时,她只是简单地回答我说:"其实,男人也同样需要关爱。"是的,蒂娜并没有做出什么惊天动地的大事,也没有和罗迪说什么海誓山盟的话。她不过是轻轻地告诉罗迪:"我理解你在外面所承受的压力,所以我会想尽一切办法帮你缓解那种压力。"而对于罗迪而言,他从蒂娜那里获得的信息就是:"罗迪,我会让你获得从未有过的关爱。"

女士们,我真心希望你们能够理解男人,给他们足够的关爱。男人在外面的压力很大,但却找不到发泄的地方,也没有人愿意给他们关爱,所以他们就开始"学坏"。这样,酒这种东西就自然而然地成为了男人最好的朋友。然而女士们应该知道,喝醉酒并不是男人的本意,他们不过是想借此来排解郁闷而已。如果女士们能够用自己的真情酿出关爱的美酒,相信那些男人再也不会去往人流混杂的酒吧了。

曾经有一些女士问过我,到底怎么做才是真正地关爱男人?她们可不能像电影中的女主角那样说出那么"肉麻"话。这是很多女士的认识误区,她们往往把一些美好的事情想得"太高尚",甚至于是脱离现实。在她们看来,关爱男人虽然重要,但却是一件很难办到的事情,因为那种做法会让人身上起疙瘩。其实,女士们不必有这样的想法,贴近生活的"关爱"就在我们身边,只要女士们认识到了,也就一定可以做到。

如何对心仪的男人表示关爱

- 真诚是前提；
- 理解是基础；
- 表达是关键；
- 细节最重要。

女士们首先要发自真心地想要去关爱男人，那样才能让他们感受到温暖。如果女士们是出于某种目的或是机械性地去向男人表达关爱的话，那么很有可能给对方一种动机不纯的感觉。曾经有一位女学员在听完我的课以后，就对他的男朋友"大献殷勤"。她一会儿问对方是不是饿了，一会儿又问是不是渴了，还问他又没有衣服要洗……搞得她男朋友不知所措，最后说："你今天怎么了？干吗对我这么好？是不是发生了什么事？我跟你说过，那个戒指我买不起。我现在只想好好静一会儿，求你别在我耳边唠叨好不好？"结果，那位女士的关爱行动就以一场不愉快的争吵而结束。

其实，这位女士的做法没错，动机也是好的，但她却并不是真诚的。她那么做不过是想知道，这种给男人关爱的做法是不是真的很有效。

理解也是很重要的。如果女士们不能切身地体会到男人的需要，那么你的关爱就不会发挥任何作用，而且还有可能让人反感。举个例子来说，一个男人在外工作很累，回家之后就想好好吃上一顿，再洗个热水澡。而你却偏偏认为，在办公室坐时间太长的他应该运动一下。于是，你开始逼着他和你一起去散步，并一再和他强调这是为他好。我想，结果不用我多说，女士们自然能够想象得到。

第三点和第四点也很重要,因为如果你不选择恰当的表达方式,那么就无法让男人体会到你的关爱。请女士们注意,我是说"恰当"的表达方式。有时候,女士们对男人表示关爱用语言最合适,而有时候却是沉默最好,还有的时候则需要女士们做一些小的举动。

第五章

不伤感情地改变他

一个女人,当她对她的丈夫失去敬意时,这婚姻已经不能维持了。

——〔中〕琼瑶

最笨的女人才强迫对方

在"女人处世的十二大基本技巧"一章中,我曾经告诉女士们,永远不要将自己的意见强加于人。的确,就像我在文章中所说,没有人愿意被人强迫去做某一件事。当然,现在我要告诉女士们的是,你的丈夫同样也不喜欢被你强迫着去做某些事情。

一个月前,我去我的老朋友肯德勒家中拜访。刚一进门,我就听见他的妻子塔莎在喊:"肯德勒,你怎么还不快点准备?今天我要去街上买几件衣服,你必须陪我去。"肯德勒显得很不耐烦地说:"知道了!可是你没看见有客人来了吗?"塔莎从里屋走了出来,看见我站在门口,很不高兴地说:"既然这样,那我们的计划就取消了吧!"当时的我很尴尬,不知道该如何是好。幸亏肯德勒并没有表示厌烦,而是热情地把我请进屋子里。

几天后,肯德勒找到了我,告诉我他正准备和妻子离婚。我听后很惊讶,赶忙劝解说:"别这样,肯德勒!虽然你妻子有时候是有些过分,但是她却是爱你的。"肯德勒摇了摇头说:"算了,戴尔,你不要再劝我了,我根本没有办法和她继续生活下去。你知道吗?我现在连一点儿自主的权力都没有。每当她想要做什么事的时候,我就必须服从。一旦我表现出不愿意,她就会和我大吵大闹。以前,为了维持整个家庭,我迫不得已地答应她的要求,可是现在我真的受不了了。美国人曾经为了自由而战,而我今天也要为自己的自由向她宣战。"虽然我一再劝说肯德勒,但最终还是没有成功。

我为这段即将破碎的婚姻感到惋惜,因为肯德勒的妻子塔莎也是我以前的朋友。我很清楚,塔莎其实是非常爱肯德勒的,也从来没有把肯德勒当成"奴隶"。然而,塔莎正是因为不懂得"强迫"的危害性,所以才使肯德勒再也不能忍受她的"专制独裁",最终选择了离婚。

纽约婚姻家庭关系研究专家约翰·蒂尔斯曾经在《婚姻与家庭》杂志上发表过一篇文章,其中写道:"所有的人都渴望从别人那里获得自重感,而男人更甚。男人总是喜欢以自己的想法去做事情,习惯按照自己的思维方式思考问题。对于一个男人来说,建议是世界上最愚蠢的事情,更别说是强迫。相关数据表明,在美国,夫妻之间发生争吵的原因中有很大一部分是因为妻子强迫丈夫去做某些她们认为应该做的事，而男人在面对这种情况的时候往往是选择反抗。当然，有些男人也选择沉默，但那是更可怕的事情，因为他们正在积蓄力量，等待爆发。"

事实上，在现实生活中，很多女士都不懂得如何让自己的丈夫为自己做事。就像塔莎一样，她们会说："嗨，今天下午去逛街吧，你必须和我去！"或是说："我打算明天去拜访我的姑妈，你也和我一起去吧！"还可能说："你怎么搞的？为什么两天前叫你修理的炉子还没修好？"也许，这些女士根本不知道此时她们的丈夫在想什么。当她们要求丈夫陪他们逛街时，男人心里在想："怎么又去逛街？你的衣服已经可以开个服装店了。"当她们要求丈夫陪她们去姑妈家时，男人心里在想："我干吗要去？你姑妈可是个刻薄、吝啬的老太太。"当她们要求丈夫修理炉子时，男人心里在想："有这个必要吗？那个炉子其实根本没有什么大问题。"虽然丈夫心里非常不情愿，但是还是去做了。当然，这不是代表丈夫认为你说的是对的，而是因为他非常爱你。退一步讲，就算他们从心里接受了你的意见，但恐怕也很难接受你的方式。事实上，你的这种口吻是在告诉丈夫，他是在你的强迫下去做那些事情。

我曾经不止一次地提到过，男人的自尊心是很强的。如果你伤害到他的自尊心，那无疑是要取他的性命。对于男人来说，他们会不惜一切代价来捍卫自己的尊严。然而，强迫却是要剥夺男人们拥有自尊的权力，让他们乖乖地听命于妻子的吩咐。试想，这时的男人除了反抗还会选择什么？

有一次，我的培训班上来了一位非常可怜的女士。她请求我帮助她，因为她的丈夫正在和她闹离婚。我问她究竟是什么原因让她的丈夫有那样的想法，她回答说："卡耐基先生，我真的没有做什么。我发誓，我是真的爱他的。可是，她却说我是独裁者，可怕的女王，说我不给他自由。"我马上意识到这又是一位喜欢强迫丈夫做这做那的妻子，于是我就问她："你是不是经常强迫你的丈夫去做一些他不愿意做的事？"女士想了想，说："确实是，可是我并没有恶意啊！难道我让他吃药有错吗？难道我让他去洗澡是不对的吗？难道我让他经常和家里人保持联系是要害他吗？我真不明白，为什么他要如此对我？事实上，我所做的一切都是为了他好，而我也是真的爱他。"

我知道这位女士是因为爱才强迫丈夫的。她让丈夫吃药是为了他的健康；让他洗澡是为了清洁；让他与家人联系是为了维持亲情。这一切都没有错，错就错在她使用的方式上。我想，她真应该和我的朋友伊尔女士学学，看看她是怎么劝说丈夫做事的。

伊尔已经结婚十几年了，但却很少和丈夫发生争吵。她非常聪明，也知道如何保护好自己丈夫的自尊心。每当她想要丈夫做一些不情愿的事情时，她总是会想一些策略来说服丈夫，而且还不让丈夫的自尊心受到一点伤害。

有一次，伊尔想要去拜访她的一位朋友，而那位朋友在不久前因为一件小事和她丈夫发生过争吵。老实说，伊尔的这位朋友对她丈夫很重要，因为丈夫在工作上有很多地方需要他帮忙。不过，她也知道自己的丈夫是个很爱面子的人，如果贸然地让他和自己去一定不行。于是，伊尔就对丈夫说："亲爱的，昨天我看了一篇文章，上面讲了很多让人成功的方法。我觉得，你应该好好看看这本书。""是吗？"丈夫显然对伊尔的话产生了兴趣，说道："有什么好方法？说来听听！"伊尔故作沉思，然后说："书中说，男人要想成功就必须学会忍耐，而且永远不要和对自己有帮助的人发生矛盾。"丈夫听后点了点头说："是的，说得很对！不过，我却做不到，就在前几天，我还和乔治（伊尔的朋友）大吵了一架。"伊尔笑着说："那有什么关系？书上还说，真正能够获得成功的男人总是在犯下错误以后马上改正。"丈夫想了想说："是的，你说得很对。因此，我现在决定和你一起去拜访乔治。我相信，我真诚的道歉是能够化解我们之间的误会的。"

当伊尔在课堂上讲完这段话时，所有的人都鼓起了热烈的掌声。伊尔对我和其他学员说："我觉得，强迫一个男人去做他不愿意做的事是非常不明智的。试想一下，如果当时我逼迫他和我一起去拜访乔治，而且还骂他是个糊涂蛋，不懂得如何与人相处的话，相信不只他和乔治的关系无法缓和，就连我们夫妻的关系也会变得紧张起来。"

的确，伊尔说得一点都没错，如果他不是懂得强迫丈夫是一件非常危险的事的话，那么后果就真的不堪设想了。

男人抽烟几乎是被所有妻子所深恶痛绝的。大多数妻子在面对这种情况时，总是会生气地说："你就不能不再抽那该死的烟吗？你不知道这对你的身体有多大的危害吗？从今天起，我要没收你所有的香烟。"我知道，很多女士都认为这么做是再正常不过的事情了，因为她们这是为了丈夫好。可是，结果如何呢？丈夫们往往会反驳说："抽烟有那么可怕吗？那么多抽烟的人有几个死于癌症？那些所谓的医学专家都是骗人的。我看你还是少管我。"

如果女士们下次再想劝自己的丈夫戒烟，不妨用一下下面这个方法。

德林先生是个十足的"烟鬼",在上中学的时候就已经学会抽烟了。后来,他和琳达女士结了婚,但却没有戒掉吸烟的毛病。琳达很为丈夫担心,因为烟草已经让德林的肺部受到了很大伤害。她经常会听到丈夫在半夜的时候咳嗽不止。不过,琳达非常清楚,如果自己强迫德林戒烟的话,一定会引发很大的争吵,因此她决定换一种方法。

这天,琳达对德林说:"亲爱的,我真想要一个既聪明又健康的宝宝。"德林笑了笑说:"是吗?事实上我也一直都有这个愿望。"琳达故意有些沮丧地说:"可是,我却为我们将来的孩子很担心。"德林有些奇怪地问:"为什么?"琳达说:"我听医生说,如果父母有人抽烟的话,对孩子健康的影响非常大。"德林仿佛在自言自语地说:"是吗?那我真的应该考虑戒烟了。"琳达说:"不,我不想你忍受痛苦。再说,也许医生是胡说的呢?"突然,德林坚定地说:"我宁可相信医生的话,从今天起我不再吸烟了。"果然,从那天以后,德林先生再也没有抽过烟。

女士们,其实让丈夫为你们做一些改变并不是不可能的事,有很多种方法可供选择。不过,在这其中,最笨的一种方法恐怕就是强迫了。

先赞扬,再批评,但赞扬要不留痕迹

女士们,你们的丈夫一定做过很多让你们不满意的事。我知道,这是很难让人接受的,所以你们有义务毫不留情地狠狠批评他们一顿。这种情形我们经常见到,比如有的妻子大声斥责丈夫为什么不能做到把报纸放回原处,有的妻子批评丈夫为什么老是不能记住自己的生日……可是,这些做法有效吗?不,一点都没有,因为凡是一个心理正常的人,尤其是男人,都不希望受到别人的批评。

我希望女士们能够明白一点,作为妻子你们的确应该对丈夫错误的行为提出批评,因为这样才会使他以后不再犯下这种错误。然而,如果你们选用的方法不当的话,那么后果恐怕就不堪设想了。

我的培训课上曾经有一位先生,他对我说:"卡耐基先生,我的确非常认同您所说的很多观点,特别是一些有关夫妻之间如何处理关系的做法。然而,尽管我心里十分清楚自身存在很多缺点,但我并不想改正它们。"

我很奇怪,因为这位学员明显是一个想要成功的人,但是什么原因使得他不愿意去面对自己的错误呢?这位先生继续说:"事情是这样的,我知道自己有些时候比较懒惰,而且性格也比较内向,不太会和陌生人打交道,这对于一个推销员来说是致命的,因此我才来参加您的课程。可您知道吗?当我和妻子聊天的时候她总是会打击我,说我是个百无一用的笨蛋。她批评我说,为什么我像个懒猪一样,为什么我见到陌生人比一个姑娘还要腼腆。天啊,我真的受不了她这种露骨直白的批评。"

的确,相信任何人都受不了。我不明白,他妻子为什么不换一种方法?就像我的邻居卡伊尔太太那样。

卡伊尔太太的丈夫霍金斯是一名共和党人,经常要到很多地方进行演讲。有一次,他写了一篇演讲稿,自认为比任何人所写的演讲稿都要精彩。霍金斯先生很自信,于是他非常高兴地让自己的妻子成为了这篇演讲稿的第一位听众。卡伊尔太太静静地听先生朗读完，认为这的确是一篇非常不错的演讲稿，有很多优点。不过，这其中也有一些不足之处，因为某些地方霍金斯先生用词不当，这很有可能引发一场不必要的争论。卡伊尔太太清楚，自己的丈夫是一个自尊心很强的人，如果直接指出他的错误一定会让他难以接受。于是，她想出了一个办法，很巧妙地处理了这件事。

"亲爱的，你真的太棒了！"卡伊尔太太笑着说，"我在电视上听过很多人演讲，但没有一篇能够与你的相媲美，因为它确实有很多的优点。"看得出来，霍金斯先生已经开始得意起来。"可是……"卡伊尔太太把话锋一转，说道，"我觉得这篇演讲稿并不是在任何场合都合适，你应该慎重考虑一下，特别是你要面对的场合。人总是喜欢从自己的立场看问题，因此你会认为你演讲的内容是完美的。但是，如果你从自己所代表的党派立场出发的话，恐怕有些地方就会显得不妥。"

霍金斯先生愤怒了吗？没有！他低下头，看着演讲稿说："是吗？哦，也许吧！虽然你是一个没有参与过政治的妇女，但我认为你的说法还是有一些道理的。好吧，有些地方确实应该改改。"

最后，霍金斯先生把那篇演讲稿修改了，而几天之后的那个演讲也十分成功。

推销员太太和卡伊尔夫人都是对自己的丈夫提出批评，为什么效果是截然相反的呢？那是因为，推销员太太的批评太直白了，而卡伊尔太太则是采用了先赞美再批评的方法。

事实上，每个人都不希望别人当面指出我们的弱点和错误，对此我们通常会感到不高兴。然而，如果一个人先对我们的优点进行称赞的话，那么我们一般情况下都会以一颗愉快的心去接受批评。因此，女士们，当你们想要对丈夫提出批评的时候，不妨采用这种先赞美再批评的方法。

不过，在这里我还要提醒女士们，采用先赞美再批评的方法没错，但一定要注意不能让赞美留有痕迹。我希望女士们不要领会错我的意思，因为曾经发生过这样的事情。

有一次，我在给女学员上课的时候把这种方法教给了她们，并鼓励她们回家试一试。结果，第二天一位女士有些气急败坏地对我说："卡耐基先生，你一定认为你的方法真的很有效，可我丈夫不这么认为。昨天晚上我对我丈夫是用了这一方法，可他却把我大骂了一顿。"

原来，她丈夫昨天突然心血来潮，非要亲自做一顿晚餐。女士们知道，一个没有下过厨房的男人做起饭来简直能用"可怕"这个词来形容。当晚饭做好的时候，她家的厨房就像是刚被敌军洗劫过一样。这位女士本想大发雷霆，可又突然想到我的劝告。于是，她对丈夫说："亲爱的，没关系，你看你的食物做得多美味啊，虽然你把厨房弄得一团糟。"没想到，丈夫听完之后居然愤怒地说："是吗？你这是在讽刺我把盐当成糖放进了水果沙拉里，责怪我把你的厨房搞得乌烟瘴气！"

事实终于搞清楚了，并不是我的方法有什么问题，而是这位女士在实际应用的环节上出现了错误。我建议女士们赞扬自己的先生，但不是要女士们胡乱地吹捧自己的丈夫。你们必须记住，要想让丈夫接受你的赞美，首先必须找到值得赞美的地方。比如，那位女士完全可以说："亲爱的，第一次下厨房能做成这样已经很不错了。你瞧，你的水果沙拉做得有模有样，不过下次在加糖的时候最好先看一下包装袋。"我想，如果那位女士这样说的话，她的丈夫应该愿意接受妻子的批评。

林肯是美国历史上最伟大的总统，也是最成功的处理人际关系的专家。在那个最黑暗的内战时期，林肯遇到过很多很多的困难，然而都被他一一化解。有一次，联军的统帅胡格将军犯了一个很严重的错误，而且必须提出批评。如果换作别人，这一定是个非常难处理的问题，因为这位将军身系着整个国家的命运，而且为人还十分狂傲自大。

让我们来一起看看这位伟大的领袖是如何对将军提出批评的吧：胡格将军，你如今已经是军队的统帅了。我一直都坚信，这是自战争爆发以来我所做的最明智的选择，因为你有能力让我相信你。然而，有些事我也必须和你说，因为你并没有让我感到十分满意。

我喜欢你，这是你所知道的，因为你非常出色。我明白，作为一个合格的将军，你一定能够把自己的职务和政治区分开，你的做法是正确的。你有常人所没有东西——自信，这才是战争取胜的最关键因素。

此外，你很有志气，这在很多方面都有体现，而且也是非常好的。但是我不明白，你为什么会阻挠我派去的柏恩塞将军带兵，难道这是出于你的自私？如果是这样的话，那么你就是对另一位与你同样对国家做出很大的贡献的同僚犯下了一个大错。

曾经有人和我说过，我也相信了，你在前段时间曾经说现在不论是军队还是政府都需要一位独裁者。你必须记住，我给了你军队的统治权并不是因为我相信你的话，而是因为我觉得你会是一个合格的将军。想成为独裁者不是不可能，但你必须取得胜利。我现在希望从你那里得到的是军事上的胜利，那时我真的会考虑给你独裁的权力。

我的政府会尽一切所能给你提供帮助，同时我也会对其他所有的将领提供同样的帮助。我很害怕，因为你的这种想法很可能会让你的军队去批评他们的将领，这很危险。不过还好，这种想法只限于你一个人，所以我要帮助你消灭它。现在，你要做的就是小心谨慎，和你的军队一同努力，给我们带来盼望已久的胜利。

女士们，你们从林肯的话中体会到了什么？是不是一种严肃的、不容置疑的批评？可是，这封信中没有"严重的错误""不能原谅"这些字眼，代替它们的是夹杂赞扬的批评之词，然而却不容轻视。此外，林肯虽然对胡格将军进行赞美，但却没有丝毫谄媚的意思。胡格知道，林肯对他提出的表扬都是事实，而提出的批评也是正确的，因此胡格将军愿意改正自己的错误，并且愿为林肯效犬马之劳。

家住费城的伍兹先生在一家建筑公司做经理。有一次，他们公司承包了一栋大厦的建筑工程。本来，一切都进展得很顺利。可是，就在快要完工的时候，负责给他们提供外部装饰材料的供应商突然说不能按期交货。于是，一场争吵大战在电话里展开，然而两个星期过去了，这个问题依然没得到解决。

于是，伍兹先生亲自来到了纽约，去会见那位脾气暴躁的供应商。刚一见面，伍兹先生并没有谈材料的事情，而是说："您知道您的名字是独一无二的吗？"那位供应商有些不知所措地说："是吗？这个我倒是不太清楚！"伍兹接着说："是这样的，早晨我在火车站的电话簿查找你的地址的时候,发现没有一个人和你的名字一样。"就这样,谈话在很愉快的气氛下展开了。最后,那位供应商不仅答应马上发货,而且表示愿意继续与他们合作下去。

女士们,想象一下,如果伍兹先生采用平常的方法向供应商兴师问罪的话,那么后果将是怎样呢?还是请女士们记住这句话:"先赞美,再批评,但是赞美不要留痕迹。"

切忌直截了当地指出他的错误

有一次,我到老朋友约翰·沙普先生开办的纺织厂去参观。沙普很高兴,带着我把各个生产车间都看了一遍。当我们正要结束这次参观的时候,却看见有几个员工正在厂房里抽烟,而他们背后的墙上就挂着"请勿吸烟"的牌子。对于一个纺织厂来说,在厂房吸烟是最大的忌讳。我心想:"这下有这几名员工受的了,沙普一定会狠狠地斥责他们一番,说不定还会把他们开除。"

然而,事情却并非像我想象的那样。沙普没有指着牌子说:"你们几个家伙难道是瞎子吗?难道没有看到不许吸烟的警告?"而是静静地走过去,从兜里拿出一包烟,给每位员工发上一支,说道:"嗨!我说!要是你们能够拿着我的这根烟到外面去抽的话,那么我将对你们这种行为感激不尽。"

那些工人知道自己违反规定了吗?他们当然知道。虽然沙普先生可以选择严厉地批评他们,但是他却没有这样做。我想,那几名员工从那以后一定会非常敬重这位老板的。

由这件事我想到，如果妻子在面对丈夫错误的时候，也能像沙普这样灵活处理的话，相信美国的离婚率至少可以下降一半。

我相信女士们在读完上一篇文章后，都会改变批评方式。你们一定会照我说的去做，先找到丈夫可以赞美的地方，真诚地称赞他，然后再委婉地提出批评。是的，这种做法没错。可是，有些女士们在运用完之后却发现，似乎丈夫依然不能接受这种温和的批评方式。我想，凡是遇到这种问题的女士都犯了另一个错误——直截了当地指出丈夫的错误。

女士们可能不明白，我们不是已经在批评之前加上赞美了吗？为什么还要说是直截了当地呢？这是因为，很多女士虽然说出了真心赞美的话，但她们总是喜欢在这些话的后面加上一些转折词语，比如"但是""可是""然而"等，接着就是一连串的批评。比如，一个妻子想让丈夫懂得保持家庭环境整洁的重要性，那么她有可能会说："亲爱的，我真的发现你比以前做得好多了，因为我收拾房间已经不再那么累。可是，如果你能够不把烟灰到处乱弹、不把臭袜子到处乱扔的话，那真是太好了。"

反正如果我妻子和我说这些话的话，那么我就一定认为她是在讥讽我。至于说之前的赞美之词，那只不过是裹着糖衣的毒药罢了。我心中十分清楚，在每一次听起来很悦耳的赞美后面，都会有一连串暴风骤雨般的批评。

女士们，应该说这种做法是不明智的，因为转折词后面的批评会使你的赞美大打折扣。它会让你的丈夫认为赞美是虚伪的，因为它的作用不过是引出后面的批评。因此，他们根本不会认为改正先前错误的做法是一件很必要的事情。

可是，如果女士们聪明一点，把那句话中的几个词语稍稍改动一下的话，那么效果就完全不一样了。比如，妻子可以这样说："亲爱的，我真的发现你比以前做得好多了，因为我收拾房间已经不再那么累。如果你能够每次都坚持把烟灰弹到烟灰缸里，把袜子放在洗衣机里的话，那真是太完美了。"

这样的话，丈夫们一定会很高兴，并且也知道自己的做法还有不足之处。原因很简单，他们没有听到赞美后面随带的批评，而妻子也间接地指出了丈夫的错误，使他明白那样做才是妻子最希望的。

女士们，这就是我要教给你们的第二种方法：永远不要直截了当地指出他的错误。的确，这种间接指出丈夫错误的做法要远比生硬的批评温和得多，而且还不至于招来丈夫的反感。

很多女士并不太擅长说话，更不懂得如何赞美别人。对于这种情况，女士们完全可以采用另一种方法，那就是用实际行动告诉丈夫，他的行为是应该受到批评的。

罗格太太是个很内向的人，平时很少和外人接触，就连和自己丈夫的沟通都很少。然而，当她看见丈夫毫不留情地把她辛苦收拾的房间搞得一塌糊涂的时候，也总是会忍不住说上几句。可是罗格太太发现，不管自己怎样批评，丈夫都不把她的话当回事，依然我行我素。

一次，罗格太太整理房间的时候发现，自己的先生非但不帮忙，反而坐在沙发上悠闲地看报纸。不光这样，他居然还肆无忌惮地把烟灰弹到刚刚擦好的地板上，而烟灰缸就在距离他0.5米远的橱柜上。罗格太太非常生气，真想大声地斥责他一番。可是，她转念一想，丈夫并不是头一次这么做，而自己以前的唠叨也没有起到一点作用。于是，她决定改变一下方法。罗格太太默默地走到沙发跟前，拿起抹布将地上的烟灰全部擦干净。接着，她又从橱柜上拿来了烟灰缸，摆在了罗格先生面前。

以后发生了什么？相信女士们不会想到。罗格先生从此再也没有将烟灰弹到地上，而且居然还时不时地帮妻子做一些家务。

事实上，这种间接指出错误的做法，对于那些脾气暴躁、性如烈火的男人们来说更加有效。玛丽·庞克女士就曾经用这种方法让她那个干活邋遢的丈夫发生了改变。

庞克太太家的屋顶漏了。庞克太太白天要去上班，而庞克先生的工作时间则是在晚上，因此丈夫自然就担任起了修理工的角色。然而，庞克太太发现，每当她回到家的时候都会发现地上堆满了丈夫施工时留下的木屑，这简直太糟糕了。没办法，她只好带着孩子们一起把丈夫遗留下来的工作完成。

庞克太太知道，自己的丈夫既要修理屋顶，又要在外工作，这的确是一件非常不容易的事。如果她直接对丈夫提出批评的话，恐怕一定会引发一场很大的争吵。于是，她在第二天早上对丈夫说："亲爱的，你做得太棒了，因为你昨天把屋子收拾得干干净净，找不到一丝木屑。"

从那以后，庞克先生每天在干活的时候都会在脚下铺上报纸。即使有一些木屑掉了出去，他也会把它们收拾起来。

相信女士们都知道，军队对纪律的要求是十分严格的。在美国，每年都有很多人参加预备役。这些预备军人和那些正式军人最大的区别就在于，他们始终都认为自己还是个平头百姓。对于他们来说，最难忍受的事就是理发。

哈瑞·卡斯是美国陆军的一名军官。有一次，他奉命训练一批预备役士兵。的确，在军队里，上级军官完全有权力大声斥责甚至威胁那些违反军纪的人。然而，哈瑞却没有这样做，只是对他们说："诸位，今天的你们虽然仅仅是预备役的一名士兵，然而在明天你们却会成为部队的领导者。作为一个成功的领导者，你们最应该做的就是起到表率的作用，为你们自己的部下做出一个好榜样，这是我一直都信奉的原则。你们看，尽管我的头发比你们中的很多人都短，但是我依然要去理发。现在你们真应该好好照照镜子，如果你们发现自己头发的长度超过了规定长度，那么就请你们马上自觉地去修剪吧！"

果然，很多人在听完哈瑞的话以后都去照镜子了，因为他们想要知道自己是不是有一个领导者的风范。当然，结果是美发店的门前排起了长长的队伍。

我在上一篇文章中讲过一个共和党人的例子，他的妻子真是非常聪明。不过，有一个人的妻子比她更懂得如何对丈夫提出批评。

1887年，美国最伟大的传教士亨利·布齐去世了，接任他的是拉曼·艾伯德牧师。这是一份非常光荣的职业，因此早在一个礼拜前艾伯德牧师就开始准备自己的接任演讲了。他太紧张了，因为他想给所有的人都留下一个非常好的印象。他把演讲稿改了很多遍，甚至于对每一个词都要仔细斟酌。

接着，这位牧师觉得有必要演练一番，于是他和共和党人一样，把自己的妻子当成了第一个听众。说实话，这位牧师的演讲稿真的不怎么样，因为里面的文字太死板了，没有一丝生气。如果是一个不懂得如何批评丈夫的妻子，一定会这样说："天啊，艾伯德，你真的应该向上帝忏悔。你这哪里是一篇演讲，分明是一篇使人沉睡的咒语。这篇文章糟糕到了极点，不会调动起任何人的情绪。上帝真应该帮帮你，教会你怎样做才叫演讲。你要明白，这不是在向听众们讲授一本百科全书。我敢以性命担保，这次演讲将会成为你一生中最大的耻辱。"

事实上，很多妻子都会这样说，但艾伯德的妻子却没有这样做。她只是点了点头，然后说："如果这篇演讲文能够更适合布道的话，那它就是最完美的了。"艾伯德明白了妻子的话，随手将自己辛苦准备的演讲稿撕了个粉碎。最后，艾伯德并没有准备演讲稿，而是很自然地走上演讲台，把他对《圣经》的理解告诉了大家。

女士们，我之所列举如此之多的事例，无非是想让你们明白，间接指出他人错误的做法是非常有效的。在这里，我有几个原则送给女士们，如果你们照着去做，相信一定可以让丈夫接受你们的批评的。

间接指出丈夫错误应遵循的四个原则
- 千万不要伤害他们的自尊心；
- 发自真心地对他们进行赞美；
- 不在赞美后面加上一连串的批评；
- 用自己的实际行动暗示丈夫的错误。

鼓励更容易使人改正错误

女士们，你们知道什么样的语言最容易让你的丈夫改正他们所犯下的错误吗？如果你们的回答是批评的话，那么你们就犯下了一个很严重的错误。因为事实上，鼓励的语言更容易使人改正错误。

几天前，我去参加一位朋友的婚礼，这是他第二次踏入婚姻的殿堂。宴会上，我问是什么原因促使他再婚，他回答说是舞蹈。我很吃惊，因为我清楚地记得他就是因为"舞蹈"才和前任妻子离婚的。他点头说："你说得没错，戴尔！我知道这会让所有的人都吃惊，但它确实是发生了。我的前任妻子，那个傲慢无理的女人，从来没有给过我任何鼓励。我知道，我的舞跳得确实很糟糕，但那也没必要讽刺和挖苦我吧！我的前任妻子总是说，上帝创造出我是最大的错误，因为我居然不会跳舞。她告诉我，我的舞步没有一处是正确的，我真应该到上帝那里去补充一些音乐细胞。天啊！戴尔，她的话太让我伤心了！其实，与其说是音乐断送了我的婚姻，还不如说是她刻薄的语言伤害了我们之间的感情。"

我非常理解他，因为很多男士都有这样的痛苦。男人不是圣人，也不是超人，他们有很多事情办不到，也有很多事情做得不好。这时候，他们的内心也十分苦恼，因为他们确确实实想把这些事做好。如果妻子能够及时给他们鼓励的话，那么他们一定会把自己所犯的过失改正掉。然而，很多妻子却都像我朋友的前任妻子那样，讽刺和挖苦自己的丈夫，因为她们觉得这样才能激励他改正错误。

继续我们的故事，我的那位朋友接着说："自从我们离婚之后，我对舞蹈彻底失去了信心,因为我实在不愿意去回想过去那段痛苦的经历。可是,我的现任妻子,也就是我的舞蹈老师,却改变了我的想法,使我重燃了信心。有一天,在我朋友的怂恿下,我报了舞蹈班。说实话,当时的我并没有抱太大的希望,因为我也认为上帝既然创造了我,就不应该创造舞蹈这种艺术。可是,我的舞蹈老师却对我说,我会的舞步虽然有些过时,但是基础还可以。她相信我只要努力就一定可以学会最新的舞步。她告诉我,只要我认真学习,一定可以成为舞池中最优雅的绅士。她还说,我是她所见过的音乐感最强的人。我知道她在说谎,可我喜欢这种谎言。渐渐地,我爱上了她,因为多年以来我一直都渴望有一位如此体贴的妻子。后来,在我们共同努力下,她的话变成了现实,我的舞技比以前强多了,这是她鼓励的结果。"

女士们,如果你对你的丈夫说,他对某件事的做法是你所见过的最愚蠢、最糟糕的事情,他所做的一切完全都是错误的,那么你无疑是亲手熄灭了他们改过自新以及进步的希望。可是,如果你们能够聪明一点,换一种方法,对他进行鼓励而不是批评和挖苦的话,那么我相信整件事就变得非常容易解决了。原因很简单,你的鼓励是在向他们暗示:虽然他们的确错了,但是你相信他们有能力把这件事做好。这样的话,他就会发挥自己体内所有的潜能,努力把自己的事情做好。

我在前面说过,在所有的人际关系中,婚姻关系是最难处理的。不过,女士们可以从人际关系大师那里学一些方法和技巧,因为这些对你的丈夫同样适用。

拉菲尔·汤姆斯是一位非常了不起的人际关系学大师,他就十分擅长运用这种鼓励的方法使人改正过失。有一次,我到他家去拜访。晚饭过后,他突然提议大伙一起围坐在火炉旁打桥牌。这绝对不行,因为我对桥牌一窍不通。于是,我拒绝道:"汤姆斯,你这是在让我难堪。我虽然不是一个很笨的人,但是我真的对桥牌一窍不通。我承认,凭我的脑子是不可能学会这种休闲游戏的。"

汤姆斯却不以为然,笑着说:"干吗?戴尔!这并不是一种高不可攀的游戏,实际上它非常简单。你只需要学会如何记忆和判断,其他的根本不必担心。对了,我记得你在不久前好像刚刚出版过一本关于怎样培养记忆力的书。怎么?现在对自己没有信心了?我相信你戴尔,你一定会很快学会如何打桥牌的。"

当时我真的不知道发生了什么,因为我糊里糊涂地就开始了第一次打桥牌的经历。虽然我知道我打得很糟糕,但是我却总是听见汤姆斯的鼓励之词。现在,我已经可以算得上是一个桥牌高手了。

女士们如果能像汤姆斯那样,你的丈夫真的是太幸运了。因为你的鼓励不仅可以使他改正自己的错误,更可以让他树立自信,最后取得成功。

最近几年,美国肯塔基州出了一名非常出色的年轻的国际象棋选手。他在很短的时间内就取得了骄人的成绩,而且现在已经写了几本关于国际象棋的著作。然而,所有人都想不到的是,这位年轻人以前竟然是个"象棋盲"。

1928年,年轻的郝柏只身一人来到了肯塔基。本来,他希望找到一份教书的工作,因为他一直都认为自己在哲学领域很有建树。可惜,没有一个学校愿意收留他。为了生存,他做过很多事情,卖过手提箱、开过小型餐厅,甚至还在街上兜售过劣质的洗发水。

那个时候，他根本没有想到自己可以教别人下象棋，因为他不仅技术不高，而且还经常和别人就一个问题争论不休。每次失败以后，他总是会和别人强调自己的各种理由，说自己的失败是其他原因造成的。因此，周围的人没有一个愿意和他下象棋。

后来，他结识了上校的女儿，年轻美丽的亚瑟斯·迪勒。他们相爱了，并结了婚。聪明的亚瑟斯发现，虽然丈夫下棋的技术很差，但是他却总是习惯在失败后分析原因，于是就对他说："亲爱的，你的做法非常好，因为这会让你吸取教训。我相信，经过你的努力，你一定会成为大师级的选手。"

在这种鼓励的作用下，郝柏终于不再固执。每次下完棋后，他总是认真分析自己失败的原因，而不是去给自己找理由。如今，他终于成功了。

我知道，虽然很多女士都会认同我说的话，但是她们却固执地认为自己没有必要鼓励丈夫，因为丈夫做得确实很糟糕。曾经有一位女士对我说："卡耐基先生，难道您认为我不想去鼓励我丈夫吗？可实际上他根本没有可鼓励的地方。他笨手笨脚，连个吊灯都按不好，每天下班回家就是守着那台该死的电视。像这样的人，我有什么可鼓励的？"

面对这种情况，我首先表示非常地理解，但这并不代表这种想法就是正确的。每当遇到这样的女士时，我总是会对她说："是吗？你认为他什么都做不了，那么你们自己呢？"是的，女士们，在我们批评别人前为什么不先反问一下自己？也许我们做得还不如人家呢！这时候，女士们就会发现，尽管他做得不够好，但依然应该得到你的鼓励。

几年前，我的侄女乔瑟芬·卡耐基从老家出来，到纽约担任我的秘书。那时她还是个孩子，因为那年她只有19岁，刚刚高中毕业。说实话，对于一个没有什么做事经验的女孩来说，想做好秘书这样一份工作确实不容易。因此，在刚开始的时候，乔瑟芬总是会犯下很多错误，而我也经常责备她。当然，我那么做是希望她能够改正这些错误。然而，我的责备非但没有使她尽快成熟起来，反而让她变得十分脆弱、敏感。我突然意识到，也许我帮助她的方法是错误的。

有一次，乔瑟芬把一份文件弄错了，这是一份很重要的文件。我很生气，准备狠狠地斥责她一顿。可是我又对自己说："戴尔，你不要这么冲动，好好冷静一下。尽管乔瑟芬做错了事，但她还是个孩子。你的确有丰富的做事经验，但你的年纪也比她大好几倍。回想一下，你19岁的时候是什么样子，难道你比她做得好？不，那时候的你犯下了很多愚蠢的错误。你为什么不想一想，当你犯下错误的时候最希望得到什么？是批评？不，当然不是。那一定是鼓励。"

想到这儿，我就对乔瑟芬说："乔瑟芬，想必你已经知道自己犯下了错误，也一定很后悔。但是，这并不代表你是无可救药的，因为以前的我比你所犯下的错误更多。是的，我没有资格批评你，因为现在的你比以前的我做得好得多。我相信，你会正视这个问题的，将来的你一定是全美最棒的秘书。"

从那以后，我的乔瑟芬进步十分迅速，因为我的话始终都在激励着她。

女士们，每个人，也包括你们，都不希望听到别人指责我们，打击我们，因为每个人都有自尊心。我们希望得到安慰、鼓励，这样才会让我们心甘情愿地去改正错误，而你的丈夫也是一样。我要对女士们说的是，鼓励的魅力是非常大的。

我相信，所有的女士都希望自己的丈夫能够获得成功，也希望他能够彻底将自己的错误改掉。那么，女士们就应该再从头读一遍这篇文章，因为它告诉你们：鼓励更容易使人改正错误。

以提问的方式来代替命令

纽约婚姻关系研究机构曾经对近千名已婚女性做过调查，发现其中绝大部分人都认为天底下最难的事情就是给男人提建议。女士们一致认为，狂妄、自负、固执己见等是男人共有的特性，要想让男人接受别人，尤其是女人的意见简直是一件不可能的事情。在她们看来，男人在面对意见的时候总是会采取防御和抵制的态度。

我承认，男人有时候确实是对自己的自尊过于敏感，从而忽略了别人对自己所提的建议。然而，造成男人对建议产生抵触情绪的原因却是多方面的，其中妻子所采用的态度和方法最为重要。

在陶乐丝为那些已婚女性上辅导课的时候，有一位女士曾经苦恼地对她说："请你帮帮我好吗？我真的不知道自己究竟做错了什么？我爱我丈夫，非常爱，也从没想过要伤害他。可是，我不知道他为何那么讨厌我？事实上，很多时候我都是出于好意才给他提意见的，可是他却一点都不领情。"为了进一步了解情况，陶乐丝亲自去她家拜访了一趟。

回来之后，陶乐丝对我说："戴尔，我真不明白为什么妻子们总是喜欢把所有的责任都推给丈夫，而不是好好反省一下自己。"我有些不解地问："怎么了？陶乐丝！你为什么突然想起说这个问题？"陶乐丝对我说："在去那位女士家之前，我以为她先生一定是个蛮不讲理、固执己见的家伙，然而事实却并非如此。事实上，她先生非常和蔼可亲，而且也很愿意听取别人的意见。"我更加疑惑了，就问："那是什么原因导致他对妻子的建议那么抵触呢？"陶乐丝对我说："都是那位女士的问题。她先生告诉我，那位女士从来不知道什么叫商量，总喜欢用命令的语气让他做这做那。坦白说，那位先生知道妻子是为了自己好，可是他实在不能忍受妻子的态度。妻子的命令并不会让他主动地去做一些事情或改正错误，反而会让他产生反感，甚至于故意与妻子作对。"

这又是一位不懂得如何与丈夫相处的女士。我想，她真的应该好好读一读前面的文章，因为我一直都强调，建议永远比命令更有威力。这一原则会让女士们在与人相处的社交活动中立于不败之地，也同样会让妻子们在与丈夫相处的过程中游刃有余。在阐述那一原则时，我曾经教给女士们两个小技巧，其中一个就是以提问的方式代替命令。这个小技巧非常有效，而且同样适用于你的丈夫。

洛根先生是一个"不拘小节"的男人，平日里就没有养成好的生活习惯。当他妻子刚辛辛苦苦地把凌乱的房间打扫完之后，他总是会跑进来"破坏"一番。当然，这并不是出于他的本意，而是因为他根本不知道这么做是不对的。

我想，当遇到这样一个丈夫的时候，很多女士都会采取这样的方法。她们会叫喊着说："看看你都做了些什么？把你的脏脚从地板上拿开，还有别把烟灰弹得到处都是，下次看报纸的时候记得放回原位。"那么，结果会是如何呢？相信，大多数男人会选择默然不理，另一部分男人则会选择反唇相讥。女士们，这种命令的方法根本起不到你想要的效果，只会让事情越来越糟。我想，你们应该向洛根太太学习一下，因为她采用的方法要高明得多。

这天，洛根夫人刚刚打扫完房间，她的丈夫又想进去"搞破坏"。这时，洛根夫人突然说："等一下，亲爱的。""怎么了？有什么事吗？"洛根先生警惕地回答。洛根夫人笑了笑说："亲爱的，你觉得现在的房间是不是非常漂亮？"洛根先生点了点头说："是的，你说得没错。"洛根夫人又说："你是不是非常喜欢在这种环境下生活？"洛根先生又说："没错，正如你所说得。"洛根夫人接着说："那你是不是愿意为保持这种清洁而干净的环境做点什么呢？"洛根想了想说："是的，我一直都有这种想法。"洛根夫人很高兴地说："我想你一定知道该如何做。"

洛根夫人在建议丈夫保持家庭环境清洁的时候并没有采用命令的语气，而是向洛根先生发出一连串的提问。结果，洛根先生顺着妻子的提问一点点地走下去，终于说出连自己也认为是应该做的事情。从那以后，洛根先生再也没有搞过"破坏"，因为是他自己说要为整个家庭的清洁做点什么的。其实，这一技巧并不是非常的难学，只要妻子给丈夫一点自主的权力，让他们感觉那是他自己的主意就可以了。

如果女士们依然不自信，那么你们就看看银行出纳员爱丽丝·艾伯森是怎么做的。我想，你们的丈夫总不会比一个固执傲慢的顾客更加难以劝说吧。

一天，有一位先生来到爱丽丝所在的银行，说打算开一个户头。按照规定，爱丽丝给先生递过几张表格，并嘱咐他一定要详细地填写。可是，这位先生在看完表格后，表示拒绝填写某些内容，因为他认为那样会泄露他的一些隐私情况。

真幸运，在这之前，爱丽丝刚刚上完我的人际关系课程，因此她并没有命令这位先生必须填写表格，而是决定采用提问的方法来让那位先生接受银行的规定。于是，爱丽斯首先表示对那位先生的理解，因为那样的确是有泄露隐私的嫌疑。同时，爱丽丝也表示，这些表格上很多地方并不需要填写。那位先生很高兴，因为他觉得自己是一名胜利者。

接着，爱丽丝问他："先生，如果您不幸遇到什么意外，是不是希望银行能够在最短的时间内准确无误地将您的钱转交给您所制定的人？"那位先生想了想，说："你说得没错，我的确希望如此。"爱丽丝接着说："那好，我们也非常希望能够做到。那么，您是不是觉得应该把您希望的这位亲人的名字告诉我们，以便使我们以后能够完全按照您的意思处理，从而不至于出现浪费时间的现象呢？"那位先生沉思了一会儿，说道："没错，你说的这个的确有必要，我想我应该好好考虑一下。"

这时，情况已经发生了戏剧性的变化。那位先生已经没有了刚才得意扬扬的劲头，而且态度也缓和了下来。他知道，自己填写这些表格并不是为了给银行留下什么，而是完全要照顾好自己的个人利益。因此，他理解了银行的规定，也完全按照表格的要求填写了所有的资料。不光这样，这位先生还另外开了一个信托账户，并且指定他的妻子为法定受益人。当然，他也按照银行的要求留下了所有与母亲有关的资料。

没错，爱丽丝女士从一开始就一直让那位先生回答问题，让他不停地说："没错，是的。"这样一来，那位先生把原来的问题忘得一干二净，而且非常愉快地接受了爱丽丝建议的所有事情。

有的女士可能会说："我可不会这么拐弯抹角地说话，我更习惯于直接给我的丈夫提意见。因此，卡耐基的那种方法根本不适合我。"女士们大可不必灰心，其实你们也完全可以让丈夫接受你们直接的建议。不过，这种方法依然是以提问的方式作为前提的。事实上，这种技巧并不是我最先发现的，我是从西屋电气公司的销售代表伊利尔女士那里学来的。

伊利尔女士负责华盛顿一个区的销售业务。在她所负责的那个区里有一家工厂，西屋电气公司一直都想和他们做生意。可是，伊利尔的前任已经做了 10 年的努力，始终都没有成功。后来，在伊利尔的一再劝说下，那家公司终于购买了几台发动机。伊利尔认为这是一个良好的开端，而且自己必须努力将这种关系保持下去。

一个月之后，伊利尔女士对那家工厂做了回访，接待她的是那家工厂的技术总监。本来，伊利尔觉得这一定是一次非常愉快的谈话，然而那位技术总监却上来就说："对不起，伊利尔女士，恐怕我们的合作关系要中止了。"伊利尔感到非常惊讶，不明白这期间到底发生了什么。那名技术总监高傲地说："我这么做是有理由的，你们的发动机太热了，我的手根本没办法放在上面。"

伊利尔很清楚，如果这时候发生争吵，对解决问题是丝毫没有帮助的。因为在这之前，也有很多顾客像那位技术总监一样，拿出一些很没有道理的借口。尽管公司是在"据理力争"，但结果却总是无效的。于是，伊利尔就对那位技术总监说："是的，先生，我非常同意你的意见。的确，如果发动机热得吓人，真的没有必要再买了。我想，您做出这种判断一定是有根据的，您这里一定有一套非常符合标准的发动机吧？"

那位总监点了点头说："是的，你说得一点都没错，可是你们的发动机超过了标准热度。"伊利尔接着说："我知道，先生。如果发动机的热度再加上工厂内的温度，一定快接近150度了吧？"

"没错！"这是总监第二次表示同意。

"可是，您是不是觉得没有人会把手放在150度的水龙头上？"

这次那位总监不得不说"是的"。

"那好，我建议您以后最好不要把手放在发动机上。"伊利尔笑着说。

最后，那位技术总监接受了伊利尔的意见，而且表示愿意再购进几台发动机。

女士们，我想现在你们一定已经懂得该如何用提问的方式来让你们的丈夫接受意见了。最后，我这里还有几个小技巧送给女士们，希望女士们能够灵活运用。

以提问的方式代替命令的小技巧

● 不停地让他说"是"；
● 让他说出你想要说的话；
● 使他觉得那是他的主意。

戏剧性地表达自己的意图

  幻想是女人的天性，每位女性都喜欢给自己编织各种各样美好的梦想，特别是那些刚刚结婚的女士。可是，女士们发现，自己这种美妙的幻想往往被那些不解风情的男人一手毁掉。这时，女士们开始抱怨，为什么丈夫那么固执、蛮横、不解风情，为什么他不能给自己一个浪漫美丽的生活。

  女士们的这种抱怨往往是因为丈夫的行为不能满足自己的标准。在她们看来，改变一个男人错误的行为习惯或是让男人接受自己的劝告简直比登天还难。难道改变一个男人真的那么困难吗？不，事实不是这样的。你之所以没有成功，是因为你的方法存在问题。为什么不充分发挥你的幻想呢？为什么不能用你的表演让你的丈夫高兴呢？我要说的是，戏剧性地表达自己的意图是一种让丈夫接受自己意见的最好方法。

  对于一家报纸来说，摆脱谣言无疑是最困难的事，因为人们总是喜欢把眼球集中在那些坏事情上。几年前，《费城晚报》就曾经遭受过别人的恶意攻击。有人对该报的读者散布谣言说，《费城晚报》已经对读者没有吸引力了，因为它上面刊登了太多的广告，而并没有多少有价值的新闻。相信很多女士在面对这种恶意攻击的时候，一定是选择反唇相讥，或是对读者百般解释，就像对她们的丈夫一样。然而，《费城晚报》却没有这么做。

  这家报纸很聪明，他们把自己每天刊登的新闻都摘抄下来，然后进行分类，并出了一套书，书的名字就叫《一日》。这本书很厚，比一本要卖2美元的书还要厚，然而却仅售2美分。这本书的发行使那些谣言不攻自破，因为大量事实表明，《费城晚报》所刊登的并不仅仅是广告，还有很多非常有价值的新闻。这种做法远远要比有些女士所选择的做法高明得多。

女士们，你们完全可以在丈夫面前"演戏"，让他明白你究竟想要传递什么信息给他。这一点非常有效，因为它不会让你那固执、暴躁的丈夫感到厌烦。

当今的美国正处于一个充满了戏剧性的时代，如果你还是希望以简单的言语来达到自己的目的，这显然是不够的。真理是正确的，然而它必须被人们所接受才能发挥作用。我们需要让真理看起来生动、有趣、具有戏剧性，因为只有这样人们才乐于接受它。要做到这一点，女士们必须学会正确地运用一些表演技巧。

罗林·温斯特女士是一位非常出色的家庭主妇，她就十分明白该怎样让丈夫接受自己的观点。她的丈夫是个大顽童，很喜欢和孩子们在一起做游戏。这下她的两个孩子可玩疯了，因为他们有一个愿意给他们买很多玩具的父亲。温斯特先生总是在下班以后和孩子们待在一起，可他们却总是在玩完之后不把玩具收拾起来。为此，罗林女士曾经劝过他们很多次，可始终都没有效果。最后，罗林决定改变一下自己的策略。

一天，温斯特先生刚回家就马上叫出孩子们，因为他又新买了一套非常好玩的积木。正当他们玩得兴起的时候，罗林女士突然说："对不起，打扰一下，我能加入到你们的游戏中来吗？"父子三人都非常诧异地看着她，温斯特先生说："你？亲爱的，你不是开玩笑吧，你是一贯对这些事不感兴趣的。"罗林笑了笑说："是的，可我现在改主意了，而且我已经想到一个新的游戏方法，比你们所玩的那些东西有趣得多。"温斯特先生很惊讶地问："是什么游戏？"罗林说："我准备把儿子的小三轮车改成汽车头，把女儿的小篷车改成车斗，然后由儿子做司机，你做指导，女儿和我做清洁工。我准备在星期天大扫除的时候玩这个游戏。"

星期天到了，罗林女士果然实现了自己的诺言。然而，那父子三人虽然玩得很高兴，但一个个都累得够呛。从那以后，他们再也没有把玩具随处乱扔，而且还经常帮罗林女士做一些家务。因为他们终于知道，做家务是一件很累人的事，并不是一场好玩的游戏。

我不得不为罗林女士鼓掌，因为她用这种戏剧性的手法使丈夫和孩子都体会到了自己的辛苦，也认识到了随处乱扔玩具的错误。然而，有些人却做得不够好，因此她们也给自己找来了麻烦。

卡伊女士是一位职业妇女，尽管她已经是三个孩子的母亲。确实，卡伊女士所承受的压力很大，既要在外面工作，还要负责做家务。这天晚上，当卡伊女士拖着疲倦的身子打开家门时，发现自己早上辛辛苦苦收拾的屋子被三个淘气的小家伙破坏得惨不忍睹。卡伊女士受不了了，大声地说："你们三个小坏蛋，看看你们都干了什么？难道你们不知道我每天早上都要花很大的精力来收拾吗？你们就是这样对待你们母亲的劳动成果吗？"

正巧这时卡伊女士的丈夫回到家，当他听见卡伊女士的吼叫声后，走过去说："算了，亲爱的！他们还只是孩子，犯不着这么责怪他们。"没想到，丈夫的话反倒更加激怒了卡伊女士，她气愤地说："是吗？你说得倒轻巧，每天负责收拾屋子的又不是你。你不要以为你就没有责任，这些孩子都是你惯坏的。还有，你作为父亲居然没有给孩子们做出好的榜样。看看你吧,每天回家后把鞋子、袜子到处乱丢,看完报纸也不知道放回原处,孩子们那些坏毛病都是和你学的。"

可想而知,当时的场景会有多么尴尬。然而,卡伊女士的话起到什么作用了吗?没有,一点都没有。相反,卡伊女士的丈夫更变本加厉了,因为他要证明给所有人看,自己才是一家之主。

的确,如果卡伊女士能够学会罗林女士的技巧的话,事情恐怕就没那么难办了。其实女士们完全可以向那些商人们学习一下,因为除了演员以外,商人大概是最会表演的人了。

一家灭鼠药制造商在研发出一种新的灭鼠药以后,想让消费者在最短的时间内接受它,于是,他们找到了那些橱窗展示专家。这些专家经过研究,决定为这家制造商办一个专门的现场演示橱窗。他们在大街上摆了一个橱窗柜子,并在里面放上了两只小老鼠。很多路人不知道发生了什么,全都围了过来。这时,有人把那种新型的灭鼠药投放到橱窗里,因为他们想让消费者亲眼见识一下灭鼠药的功效。结果,那次宣传非常成功,灭鼠药该星期的销量比过去一个月的销售量还要多。

如果那家制造商还是像以前一样,把灭鼠药分发给推销员,然后让推销员挨家敲门,并且鼓吹自己的灭鼠药功效有多好的话,恐怕得到的回应只能是:"看,又是一个骗子。"

相信很多女士都记得"美思"牌妇女透明丝袜。的确,它似乎是在一夜之间就被所有的女士所接受,成为了世界知名的品牌。然而,这家生产透明丝袜的公司在以前不过是一家小公司而已,他们正是借助广告的神奇力量才最终获得成功的。

一天晚上，很多忙碌一天的妇女都坐在自家电视机前观看自己喜欢的电视剧。广告时间到了，人们看到画面上出现了一双穿着性感丝袜的美腿。那双腿很漂亮，也很迷人。这时，电视里传出一个动听的女性声音："让我们一起见证奇迹吧，美思透明丝袜绝对是美国女性的首选用品。它的功效十分神奇，因为它可以让任何形状的腿都变得美丽迷人。"

这时，很多女士都觉得十分无聊，因为这种天花乱坠的广告到处都是，可这些产品往往没有实际效果。正当女士们想转换频道的时候，突然发现镜头正慢慢往上移。观众本以为那双美腿的上半部分一定是一位漂亮迷人的少女或是电影明星。然而，令所有人都大吃一惊的是，这双美腿的主人居然是一位健壮的橄榄球队员。只听他粗声粗气地说："虽然我没必要穿女性透明袜，但我却坚信，美思牌长筒透明丝袜既然能够让我那双粗壮的腿变得如此美丽，也一定可以改变你们的腿。相信我，女士们，选择美思是最明智的。"

女士们，你们完全可以把自己的意见和看法当成商品，而你的丈夫就是你的消费者，因此，如果你想让你的丈夫买你的商品，那么采用戏剧性的手法就是必不可少的了。很多人在向别人传达信息的时候往往忽略了很重要的一点，那就是最能引起人们兴趣的往往是那些能满足人好奇心的事。的确，好奇是人类与生俱来的本性。因此，女士们如果想让你丈夫愉快地、痛快地、高兴地接受你的意见，那么你们最好学一些简单的表演技巧，然后把你们的观点戏剧性地表达出来。

第六章
做他事业上的好帮手

和丈夫志同道合，就是婚姻美满的一个基础。

——〔美〕卡耐基夫人

帮丈夫确定目标

1910年，那时候的我还只是一个刚从密苏里州玉米栽种区出来的不懂世故的幻想青年。为了实现我心中的梦想，我来到了位于纽约的美国戏剧艺术学院。我的家境并不富裕，所以我和另一个充满幻想的来自马萨诸塞州的名叫惠特利的乡下小子合租了一间公寓。

我和惠特利相处得非常好，因为我们有着同样的生活背景。我们经常在一起谈论自己的未来，幻想着有朝一日实现自己心中的梦想。我记得非常清楚，惠特利最常说的一句话就是："你瞧着吧，戴尔！早晚有一天，我，惠特利，一个来自农村的穷小子，一定会成为纽约一家公司的大老板。"当时我对惠特利的想法有些不以为然，因为从各种条件来看，他的这种想法都更像是幻想。可事实证明我是错的，因为惠特利现在已经是蓝月乳酪公司的总裁了。

起初的时候，惠特利不过是在纽约一家食品连锁店里当零售员。可是，惠特利和其他爱抱怨的青年不一样，他对这份"没有前途"的工作充满了热情。为了熟悉业务，他还经常借用午餐的时间到各个批发部门帮忙。当然，他这么做，没有一点功利心理。后来，一个批发部门的主任知道了这件事，就把一次绝好的工作机会留给了这个年轻人。

渐渐地，惠特利的事业有了起色。他先是零售员，后来变成了业务员，然后又成为了部门经理，接着又升任了业务经理。当然，在这个过程中，他也不可避免地遇到了一些困难和挫折。后来，惠特利又换了几份工作。这并不是因为惠特利对目前的工作没有激情，而是在他看来，在那些公司工作简直没有前途。

我必须强调一点，惠特利在这几年的拼搏中，从来没有忘记自己当初制定的目标。他一直努力着、奋斗着，而且最终取得了胜利。

惠特利无疑是一个"白手起家"的经典例子，因此我仔细分析了他的奋斗过程，希望能够找出他成功的原因。他的确是非常勤奋地工作，可这一点很多人也做到了。难道是学历起了作用？不，他的学历是靠自修才得来的。突然，我想起了惠特利常说的那句话，这下我终于明白惠特利成功的主要原因了，那就是他始终在朝着那个方向努力，一刻也没有停止过。

女士们，相信你们一定明白了我讲这个故事的用意。是的，凡是那些生活散漫的人都不可能成功。他们的生活没有一丝的目标和计划性，什么事都是稀里糊涂地去做。虽然他们自己没有进取心和动力，但却同样终日做着成功的美梦。

各位女士，我可以很肯定地说，虽然我现在把目标对于男人成功的重要性告诉给了你们，但实际上你们并不知道该怎么做。我这么说是有原因的，因为有一次我在培训课上把这个故事讲给学员的时候，一位女士站起来问我说："卡耐基先生，我不知道你说的这些和我们有什么关系！你是知道的，几乎所有的男人都是狂妄自大的家伙。你可以问问其他女士，当我们给自己的丈夫描述家庭的目标时，往往换回来的是一顿斥责。如果我说希望他能够成为像洛克菲勒一样的大老板，他一定会认为我疯了。"

我相信这位女士说的话，因为这种情况的确存在。然而，这并不能证明帮自己的丈夫确定目标的做法是错误的，只能说明大多数女士所选择的方法不恰当。我给了那位女士一些建议，现在也把它送给你们。

制定目标的准则

- 必须是切实可行的；
- 丈夫和你都喜爱的；
- 并不一定是非常大和重要的。

我个人认为，在这三点建议中，最后一点是非常重要的。其实，在这条准则中还包含着一个如何帮助丈夫确定目标的小技巧，那就是不断给他制定出新的目标。关于这一点，我是从《婚姻指南》中得到的灵感，书中这样写道：

作为夫妻，所有人都希望能够拥有一段快乐的婚姻生活，而造就快乐婚姻的基础就是共同的生活愿望。不过，我们必须搞清楚，这种共同的愿望不一定是非常远大和重要的，可以是买一栋房子，也可以是拥有一个大家庭，更或是仅仅去欧洲旅行……这些都可以，因为最重要的是有一个共同的生活愿望。

目标是第一位的，接下来的才是去尽力实现它。快乐美满的生活就是来自于对未来生活的规划、幻想以及设计，而夫妻之间幸福的婚姻生活则是来自于共同享受生活中的成功与失败、希望与失望。

女士们，你们可以找一千个理由不相信我所说的话，但是你们却找不出一个理由驳倒成功的事实。我夫人和威廉·格勒罕夫人是一对非常要好的朋友，所以我对这对富翁夫妇的奋斗史非常清楚。

威廉·格勒罕是美国堪萨斯州威基塔市一家最大的石油公司的总裁，这可是一家能够获得丰厚利润的公司。事实上，这家公司是威廉·格勒罕先生一手创办的。早在他还是个孩子的时候，就已经会从投资、经营石油中牟取利润了。再看看现在这对夫妇，他们有着令别人羡慕不已的财富，而且身体健康，拥有四个聪明可爱的孩子以及成功的事业，最主要的是他们在以后的日子里还将会拥有这一切。

有一次，我向威廉·格勒罕请教他成功的最大秘诀。他微笑着告诉我说："这一切和我妻子的努力是分不开的，因为是她一直陪伴在我身边，和我一起为实现我们一个个新的目标一起努力。"

在威廉·格勒罕夫妇刚结婚的时候，他们先是尝试着做房屋不动产买卖。那时候，他们的处境很困难，因为他们除了能够收到一点可怜的佣金以外，没有其他任何的经济来源。既然做生意，办公室是必不可少的。然而，当时的格勒罕夫妇只能在一栋大楼的一角租一间办公室，而且这个房间还挨着废弃的通道。白天的时候格勒罕夫人在办公室联系生意，而格勒罕先生则外出寻找业务。那段时间，业务简直少得可怜，而这对新婚夫妇也经常是三餐无着落。

不过后来，业务终于有了转机，格勒罕夫妇的手中也有了一些积蓄。于是，他们开始购买房子，接着再卖出去，后来干脆自己建造房子往外卖。他们的目标终于实现了，因为他们确实已经经营起了自己的房地产生意。可是，威廉·格勒罕先生却并不满足。他认为自己还太年轻，完全有精力去做一些其他的事情。

威廉·格勒罕夫妇召开了几次家庭会议，格勒罕夫人认为，既然威廉在很小的时候就已经在石油领域显示出了天分，那为什么现在不能把它做大呢？威廉十分同意妻子的话，也认为他们应该做起石油生意。就这样，威廉·格勒罕的石油公司终于成立了。

如今，威廉·格勒罕夫妇已经把石油公司经营得非常红火了，可他们并不满足。据说，他们已经有了下一步计划，而且也会和以前一样，全力以赴地去实现它。

事实上，威廉·格勒罕夫妇在制定目标的时候并不是随意地、毫无根据地。格勒罕太太对我说："戴尔，你知道吗？有时候帮助我丈夫确定一个目标真的是一件非常困难的事。我不能随便给他制定一个目标，因为那样很可能会使他丧失掉成功的信心。在每次制定目标之前，我都会考虑一下威廉所受过的训练、教育以及他的性情。此外，还有一点是非常关键的。人往往在实现一个目标以后就会丧失掉奋斗的劲头，因此我和丈夫总是在努力实现一项目标的时候，已经开始了寻找下一个非常重要的目标。你都看到了，戴尔！现在我们过得很充实，因为我们的生活永远是充满了挑战性和成就感。"

的确，格勒罕说得一点都没有错，一个成功的人生是应该分为制定计划、实施计划、达到目标三个部分的。我给女士们举一个简单形象的例子，人生就像是一场射箭比赛。不管你的技术有多高，也不管你的弓箭有多精巧，如果你不去瞄准的话，那么怎么可能会射中靶心呢？当然，即使你瞄准了，也并不能保证箭就会一定射中靶心，但这总比闭上眼睛去射强得多吧。

哥伦比亚大学一位教授曾经说："人类产生忧虑的主要原因就是混乱。"是的，他说得没错，但我认为模糊不清的思想更是人通往成功路上的最大障碍。女士们，作为丈夫最亲近的、最信任的人，你们的义务应该是什么？那就是替丈夫清除那些障碍。

女士们，在你们帮丈夫确定目标之前，首先要做的就是思考成功究竟对你和你先生有什么意义？它可能意味着很多的金钱、财富、权力和地位，也可能仅仅是代表着一种满足。每个人的意识形态是不一样的，因此生活中的成功对每个人的意义也是不一样的。因此女士们，当你们找出成功的真正意义后，你们就可以开始为丈夫确定目标了。

还有一点我要提醒各位女士，你们帮助丈夫确定目标的做法是正确的，但前提必须是你明确地了解这个目标。很多夫妻在开始的时候充满了热情，也各自为自己制定了远大的目标。可是，当他们全身心地投入到生活之中时，却发现与他们制定的目标的方向竟然是相反的。我并不是宣扬"男权主义"，但如果你们的丈夫真的有一个远大的理想的话，我希望女士们能够全身心地投入进去。

女士们，我必须再重申一次，帮助丈夫成功的第一步就是帮他确定人生的目标。最后，我有一句话送给女士们。很可惜，我已经忘了它的出处，但它却是一个非常好的忠告：

爱情是什么？仅仅是两个人对视吗？不，爱情是两个人、四只眼，一起朝一个方向观望。

做他的忠诚信徒

1943年，我有幸采访了美国的汽车大王亨利·福特先生。我知道这位先生是一个相信轮回转世的人，于是我问他："福特先生，我很想知道，假如你真的能够轮回转世，那么你最希望下一次出生是什么样子？"福特先生笑了笑说："没什么，戴尔！我不会在乎家庭出身，也不会在乎是否贫穷。我最希望的是能够再一次和我的太太组建家庭，那样会使我无所畏惧。"我知道福特先生的这句话是发自内心的，因为没有一个男人愿意抛弃他的忠诚信徒。

19世纪末的时候，亨利·福特还只不过是一名年轻的技工。那时的他受雇于底特律城的电灯公司，每天要工作10小时，而周薪仅仅只有11美元。每天晚上回家之后，福特总是会躲在家里一间旧棚子里忙活到深夜，因为他一直都梦想着靠自己的努力研制出一种新的引擎来。

可是，似乎所有的人都不支持亨利·福特的这种做法。亨利的父亲是个农夫，他坚信儿子这种愚蠢的做法是在浪费宝贵的时间。他的邻居们也都嘲笑他，认为他是个超级大笨蛋。当然，更不可能有谁会相信这个年轻人真的能够发明出什么有用的东西来。

面对周围人的不理解，福特的信念一点也没有动摇，因为他有一个忠实的追随者——他的妻子。福特太太每天也要做很多事情，但她总是会在忙完手头上的事以后就来到那间旧棚子里帮助福特搞研究。冬天是最难熬的日子，为了让丈夫能够安心工作，福特太太总是站在旁边，默默地提着煤油灯给丈夫照亮。有时候，她的两手都被冻得发紫，牙齿也上下颤抖。不过，福特太太始终都没有怀疑过自己的丈夫，一直都坚信他终有一天会成功。福特先生对妻子的行为非常感动，还开玩笑地管她叫自己忠诚的信徒。

三年后，也就是1893年的一天，街道上突然传来了一串很奇怪的声音。福特家的邻居不知道发生了什么事，都隔着自己的窗户向外看。天啊！他们看到大怪人福特正和妻子坐在一辆马车上，而那辆马车居然没有马在拉。真让人难以置信，那辆奇怪的马车竟然可以在大街上来回跑动。

这下，所有人都必须承认，就在那个不平常的晚上，一个新兴的工业诞生了，而且这个工业还对后来整个人类的生活都产生了重大的影响。亨利·福特先生完全有资格被称为这个新工业之父，而他的那位忠诚的信徒——福特夫人则可以当之无愧地被称为"新工业之母"。

当一个男人的事业遇到挫折时，当一个男人陷入困境时，他最需要什么？一个女人，一个坚定地支持他、追随他、相信他，并且能够呵护他的女人。这个女人既是他的妻子，也是他的忠诚信徒。男人在外面工作，总是会遇到各种各样不顺心的事，甚至有时候还会使自己身处险地。这时候男人最需要的是自己太太的支持，因为只有她才能给自己足够的勇气去面对现实，去抵抗任何困难。女士们，当你的丈夫正处于困难时期时，你们所要做的就是让他知道，不管发生什么，都不可能动摇你对他的信心。道理很简单，妻子是丈夫最亲近的人，如果连你都不信任他，真不知道这个世界上还有谁会真正地信任他们。

我是知道的，女士们，如果你的丈夫一直以来都是个"碌碌无为"的人的话，那么你很难对他产生信任。这不是我凭空想象出来的，因为很多女士都是这样对我说的。事实上，我要告诉女士们的是，这恰恰是一种本末倒置的想法。你的先生碌碌无为并不是因为他是个天生的笨蛋，也不是因为他不懂人情世故。实际上，这主要是因为他们没有成功的动力，而这种动力正是来自于妻子的信任。女士们，请你们相信我的话，一旦你将"信任"这种积极的动力注入丈夫的体内，那么就不可能会出现失败的现象。

罗伯·德培勒先生一直都梦想自己能够成为一名伟大的推销员，因为他由衷地热爱推销这个行业。1947年，德培勒先生终于等来了机会，成为了一家保险公司的业务员。可是，德培勒先生看起来似乎并不适合做推销员，因为尽管他已经非常努力地工作了，可是他的业务却丝毫没有起色。业务员没有业务，那简直就像是人体失去了血液，德培勒先生为此十分的懊恼。这时，他感到非常的紧张和痛苦，认为自己现在面临的最好选择就是辞职。

可是，德培勒太太却不这么认为，她一直对德培勒先生说："看你怎么了？难道这点小挫折就把你击垮了吗？这只是暂时的，不要担心，亲爱的。下一次，下一次你一定可以成功的，相信你自己。你一定可以成为一名最优秀的推销员，这一点我从来没有怀疑过。"

后来，德培勒夫妇决定先锻炼一下自己，于是两个人一起在一家工厂找了一份工作。在接下来的两年时间里，德培勒太太一直都在鼓励自己的丈夫。她总是提醒自己的丈夫不要忽略了自己的仪表和谈吐，而且还经常指出他身上的优良品质。最重要的是，德培勒太太总是说："相信我，罗伯，你从一生下来就是做推销员的材料。既然你有这样的天赋和能力，那干吗还要浪费呢？继续吧，你一定会成功的。"

在妻子的不断鼓励下，罗伯·德培勒先生找回了自信。他曾经跟我说："戴尔，你想想看，我有什么理由去辜负我太太对我这样深切的信任呢？她始终都在鼓励我，让我树立起了对自己的信心。我该怎么办？难道还要再等吗？不，我马上就选择了离开工厂，再一次投身于推销事业。这次，我比以前更有资本了，因为我已经有了一个忠诚的信徒。"

我问他："那你认为你这次能够成功吗？"

德培勒回答说："是的，戴尔！我知道，要想成为一名优秀的推销员还有很长的路要走！但是这次我是满怀信心地踏上了开始的路程，这一切都应该归功于我的妻子。我现在对自己充满了信心，是他使我坚信自己一定能够成功，因此我必然可以获得成功。"

女士们，你们知道现在我的想法是什么吗？如果我是一家销售公司的老板，我非常愿意雇用这样一个男人作为我的推销员。我非常清楚，这种信徒式的太太始终都会崇拜自己的丈夫，她们不希望也不会看着自己的丈夫失败。这些信徒知道，人总是会遇到失败的。因此，当他们的丈夫遇到挫折和失败的时候，她们就会全力以赴地支持他们，并且把跌倒的丈夫扶起来。接下来，这些信徒会用他们的真诚抚慰好丈夫的创伤，然后再勇敢地把他们送回战场。

女士们，我希望你们能够发自真心地信任你们的丈夫。请你们记住，信心对于一个男人来讲，就像是燃料对于引擎一样重要。女士们，当你把信心注入男人体内时，它们会驱动男人的引擎继续发动，使男人体内的发动机不停地转动，就像给他们思想的电池充足了电一样。在这几种动力的共同作用下，男人不会再体验失败，等待他们的只会是成功。

俄罗斯有一位非常伟大的音乐家，名叫西盖·洛柯曼尼诺夫。他是个音乐天才，早在二十几岁的时候就已经相当有名了。正是因为他过早的成名，所以才使他自己形成了自负的个性。上帝对每个人都是公平的，因此他一定会让所有人都品尝到失败的滋味。有一次，这位作曲家创作出了一首新的交响乐，可是演出的结果却并不像他想象的那样成功。他受不了这种打击，把这次失败看成了一场可怕的灾难。有很长一段时间，这位伟大的作曲家都生活得相当颓废。后来，他的一位朋友带他去看了心理医生。那位心理专家反复地对他说："你要永远牢记，我的音乐家先生，你是最棒的！在你的身上蕴含着世界上最伟大的音乐艺术，如今全世界都在等你将它展现出来。"

渐渐地，这种自信的想法深深地埋在了音乐家的心里。就这样，他再一次让自己重新充满了信心。就在第二年，西盖·洛柯曼尼诺夫创作出了那首伟大的交响曲——《C小调第二号协奏曲》。为了表示感谢，他还特意将这首曲子送给了那位医师。当这首曲子首演的时候，所有的观众都到了疯狂的境界，西盖·洛柯曼尼诺夫终于又一次的成功了。

女士们，现在你们总该相信我所说的一切了吧！我承认，所有的人也包括我都希望能够得到运气的帮助，可是运气是有好坏之分的。有时候，坏运气会让我们丧失信心，会磨平我们的意志，甚至还会重重地打击我们，使我们再也不能站起来。这时候我们需要什么？我们需要最亲的人在一旁说："算了吧，不要把这些小事挂在心上！你不会被它打倒的，你一定可以获得成功。"

作为妻子，女士们是有义务给你丈夫信任的。作为他的信徒，你拥有一种非常独特的视角，这会使你发现你丈夫身上存在的特殊潜质，而别人却无法看到。为什么？因为要想做到这一点，必须要有发自内心真诚的爱以及独到的眼光。

最后，我还必须提醒各位女士。不管你们怎样信任自己的丈夫，也不管你们想怎样鼓励他，把话憋在心里是起不到任何作用的。因此，你想做丈夫的信徒，那么就要让他知道。你应该把你的心里话全都说出来，并用行动证明给他看。方法有很多，比如给他贴心的安慰、真诚的鼓励或是真心的赞美等，这些都可以让你丈夫感觉到，你就是他的忠实信徒。

帮助他受到欢迎

相信女士们都会同意我的这一说法，如果自己的丈夫不善社交或者是个脾气古怪的人，那么做妻子的应该想办法给他们提供帮助，使他们受到大家的欢迎。这是一件非常重要的事，因为男人们在外面工作，经常会在自己的社交活动中遇到一些很有价值的合作伙伴。

如果他们是一个不受欢迎的人,那么可能会丧失掉很多机会。女士们,你们必须清楚,不管你丈夫从事的是什么职业,哪怕只是一家便利店的售货员,能够得到别人的喜爱都无疑会给他们带来很大的好处。我们必须承认,很少有妻子能够真正地从业务方面给丈夫提供帮助,因此帮助他们广受欢迎则成为了妻子的头等大事。

几年前,我去采访流行歌星基尼·欧德里,因为前不久他在麦迪逊广场花园举办了一场成功的个人演唱会。那时候的他正春风得意,很多人都是他的忠实歌迷。不巧的是,我去的时候这位歌星并不在家,所以我决定改变采访计划,转而采访他的妻子利娜。

采访在轻松的氛围下展开了,我问了利娜很多关于基尼的问题。最后我问利娜:"我知道,基尼拥有很多歌迷,他们常常会追着他索要他的亲笔签名。作为一名歌星,这是件既幸福又苦恼的事,不知道你怎么认为?"利娜笑着说:"卡耐基先生,基尼非常爱他的歌迷,总是会耐心地给所有人都一一签名。"我说:"那你怎么想呢?有没有因为正常的生活被打乱而感到懊恼?"利娜摇了摇头说:"不,我从来没有过这样的想法。事实上,我每次都会对那些歌迷说:'请大家不要着急好吗?你们的基尼是从来不会拒绝任何人的请求的,特别是对你们这些年轻人。'"我说:"你真是太棒了,利娜,你帮了你先生的大忙。你的这些话远比那些报纸或杂志上的宣传广告有力得多。因为你那善良的天性以及热诚的待人态度使你的先生受到了更多人的喜爱。"

是的,正是利娜这句发自内心的、不假思索的话使得基尼·欧德里广受欢迎。女士们可能会说:"我不能同意你的意见,因为基尼本身就是个受人喜爱的人,所以利娜不过是起了推波助澜的作用罢了。至于我的丈夫,他是一个令人讨厌的家伙,所有人都不喜欢他,这一点我无能为力。"如果女士们真的这么想,那么你们就大错特错了,事实上一个妻子的态度是完全可以给一个原本不受欢迎的丈夫提供帮助的。

曾经有这样一个家庭,其中的男主人是个十足的"讨厌鬼"。他脾气暴躁而且傲慢自大,没有人愿意与他在一起聊天,因为总是会发生争吵。可是,这个家庭却有很多朋友。当然,这并不是因为大家能够忍受男主人的怪脾气,而是因为这家的女主人非常有风度。

当我第一次接触到男主人的时候,心中产生了一丝厌恶之情。可是他太太对我说:"请您原谅他好吗?这不是他的错。他是一个孤儿,从小就没有得到过温暖。"听完这些话,我开始同情这个男人,也开始理解他的行为。不过,我更钦佩这位妻子,因为她虽然不能让丈夫变得受人喜欢,但却让大家以宽容和同情的心态来对待他。

女士们,虽然你们现在知道帮自己的丈夫受欢迎是一件多么重要的事情,但我相信很多女士并不知道到底该怎样帮助自己的丈夫。有些女士错误地认为,炫耀丈夫的最好办法就是让别人羡慕自己,于是她们想尽办法来显示自己,比如穿上名贵的貂皮大衣。

有一次,我的培训班上来了一位年轻的女士。她很爱自己的丈夫,也非常想帮助自己的丈夫。她问我:"卡耐基先生,我真的想帮助我的丈夫。请你教我一些方法,让我练就一副好口才,这样我就可以让他的朋友对他产生好感了。"我想了想说:"为什么要说话呢?干吗不选择沉默?"女士有些惊讶地问:"沉默?为什么?"我说:"道理很简单,要想让别人喜欢你的丈夫,最好的办法就是让他亲自与别人接触。因此,给他说话的机会才是最重要的。这样,你丈夫就可以在别人面前显露自己的才华了。"

女士们,这一点是非常重要的。你们必须找机会让你的丈夫能够在别人面前显露出他的特殊才华,因为这些东西往往会引得别人产生兴趣。这样一来,别人自然对你丈夫产生了好感。

卡蒙路·斯布,一名专门为演艺圈明星写传记的作家,是一个热情好客的人。他的妻子名叫卡洛琳,也是个非常热情的人。卡洛琳经常会在院子里安排宴会,请来卡蒙路的朋友。这时候,卡洛琳并不是找机会向别人炫耀自己的厨艺,而是要卡蒙路烧烤他最拿手的牛排。不光这样,卡蒙路还可以在不经意间给他的朋友们讲一些幽默的小笑话。

纽约的约索夫·福瑞斯医生也是一位非常幸运的丈夫。平日他是一名医术高超的小儿科医生,而每当有空闲时间的时候,他又成了一名颇有天分的业余魔术师。他的妻子总是找机会让家中的宾客欣赏一下约索夫的魔术表演,有时候还会客串一把,当一回魔术师的助手。

这两位先生真的是太幸福了,因为在他们背后都有一位甘愿埋没自己的妻子,目的就是想把所有人的目光都集中在丈夫的身上。她们不出风头,心甘情愿地扮演配角。为了能够使自己的丈夫出人头地,她们甘愿压抑自己。这是不是太不值得了?不,这完全值得,因为妻子的这种行为给丈夫提供了很大的帮助。

有的女士可能会说:"我的丈夫虽然有很强的工作能力,但他却并不懂得如何在众人面前说话。每当需要他在众人面前表达的时候,他却变成了哑巴。"我知道,女士们说的这种情况确实存在,但这时候丈夫更加需要你这个最亲密的人的帮忙。女士们,其实你们完全可以采用一些技巧，把你那沉默寡言的丈夫引领到你们的谈话之中，使你丈夫能够自如地与别人交谈。方法其实并不难，那就是看准时机，适当地把话题转换，以便让你的丈夫表现出他最大的优点。

有一次，我在培训课上遇到了一位年轻的女士。这是一位非常聪明机敏、善解人意的妻子，正是有了她的帮助，丈夫才从一个沉默寡言、不懂交际的人变成了一个喜欢参加各种各样聚会的社交专家。这位女士对我说："维格（她丈夫的名字）其实是一个心地善良的人，而且他也很乐意给别人提供帮助。不过很可惜，由于他不善表达，所以只有极少数和他很亲近的人才知道这一点。维格有些孤单，他的朋友只有那几个，这是因为他从不愿意主动去和别人说话，也就不会认识新的朋友。他沉默寡言，甚至于让别人感觉他是个冷漠的人。我非常担心他的这种状况，也很希望他能够得到别人的欣赏和重视，于是我一直在想办法帮助他。"

这时，我问道："那结果怎么样呢？你是否真的帮助到了你的先生呢？"

女士点了点头说："是的，我做到了。不过开始的时候，我真的有些犯难。如果我当面提醒他的话，一定会伤害到他的自尊心。因此，我决定找一个非常好的办法，使他在不知不觉中发生改变。我知道，维格非常喜欢摄影，所以不管走到哪，我都会想办法给他找一个有相同嗜好的人。这个方法太有效了，维格和那些人谈得非常投机，几乎忘记了自己。他太投入了，完全在不自觉的情况下把最真的自我表现了出来。"

"后来，维格变得开朗了。当他和别人谈论其他话题的时候，也显得不是那么困难了。不过有时候他还是需要我的帮忙，因为遇到新朋友的时候，他还是需要我给他提供一些线索，好让他能够找到一个适当的话题进行交谈。"

"如今，维格整个人都已经变了。现在的他喜欢参加各种聚会，也愿意认识一些新的朋友。很多人都认为这简直是一个奇迹。每当我听到有人赞美我丈夫的时候，内心都充满了无比的骄傲和自豪。"

是的，女士们，这足以成为你们骄傲的资本。你的丈夫可能不善言谈，也可能性格孤僻，但他一定会有一些属于自己的嗜好，而且这些嗜好往往又是他的专长。因此女士们，如果你真的想帮助你的丈夫，那么你就要首先发现他的那些嗜好和专长，然后在必要的时候把话题转向他喜欢的方向。这样一来，你的丈夫就会对谈话非常感兴趣，就可以把他的优点表现出来，而别人也会对你的丈夫产生好感。

不过不幸的是，似乎并不是所有的妻子都能够像上面那位女士一样。我的一位朋友在一家电器公司做推销员，他的业余爱好就是研究有关武器的发展历史。本来，我的这位朋友并不是一个沉默寡言的人，因为他总是想找机会把自己脑子里那些稀奇古怪的、让人惊奇的知识告诉给别人。可惜，遗憾的是，并没有多少人知道他在这方面的造诣，因为他从来没有抓住过一次真正的机会。这怪谁？事实上，他的太太从来不允许他在别人面前卖弄那些没用的东西，因为在她看来这些都是变态者才喜欢的。

我的朋友真是太不幸了，如果他也能遇到一位善解人意的妻子的话，相信一定会生活得非常快乐。女士们，你们想帮助自己的丈夫受欢迎吗？我这里有三个小秘诀，你们如果照着去做的话，一定可以让你们的丈夫感到无比的幸福。

帮助他受欢迎的方法
- 让大家能够接受他；
- 给他创造机会展示才华；
- 找出他的嗜好，让他有机会把自己的优点表现出来。

他要是调职，就和他一起去

很多女士都曾经遇到过这样一个让人头疼的事情——搬家。的确，这不是一件令人高兴的事，尽管这是丈夫的工作需要。女士们，我非常理解你们的心情。一个家庭能够在一个地方稳定下来是件非常不容易的事，而让家庭里的女主人放弃稳定的局面，搬到另外一个完全陌生的地方则更是一件让人头疼的事，因为这需要付出很大的勇气。

我身边的很多人都曾经和我抱怨过，说他们的妻子太不支持他们的事业了，因为她们不愿意离开生活多年的地方，即使因为这个把丈夫永远束缚在一个工作地点上也在所不惜。

有一次，纽约电器公司的一名董事莱恩对我说："戴尔，我见过很多这样的妻子。她们就像是一个纠缠不休的小孩，始终不让丈夫离开自己的身边。实际上，她们根本不知道，她们已经成为了丈夫成功路上的绊脚石。"

我有些不以为然地说："你说得有些过分了吧，实际上每位女士都会这样做，她们只不过不想忍受流离之苦罢了。记得"二战"吗？那时候很多刚刚结婚的新娘子都忍受不了四处迁移的痛苦。这一点我们应该表示理解。"

　　莱恩摇了摇头说:"戴尔,你以为我是那么不近人情吗?不,我只不过是说出了事实而已。我的公司里曾经有一位年轻的职员。这个小伙子非常棒,将来一定可以成就一番事业。可是,当他需要调到一个新的环境工作时,他的妻子却百般阻挠。最后,这名职员只好放弃了这样一个绝佳的机会。你知道他妻子舍不得什么吗?她的父亲、母亲、朋友,当然还有她家附近的那间小教堂以及她心爱的客厅。实际上这些东西都是不重要的。她搬走了,但和父亲、母亲以及朋友间的感情依然存在。至于说教堂和客厅,那些东西在哪儿都能找到。"

　　女士们,你们赞同莱恩先生的话吗?我觉得他说的还是很有道理的。事实上,虽然从一个熟悉的环境中搬走是一件很痛苦的事,但这并不是完全不可能的。只要女士们具备了一定的适应能力,是一定可以克服那些所谓的困难的,因为有人已经做到了。

　　《妇女杂志》上曾经刊登过一篇文章,女主角是拉多·格恩太太,她家以前住在维吉尼亚的福克市。拉多太太这样描述:"那是几年前的事情,我丈夫参加了海军,为此我们全家必须离开我们刚刚装修好的房子,跟随我的丈夫四处奔走。我十分不愿意,因为那里才是我的家。当我们到达第一个目的地时,我的心情简直糟糕到了极点。"

　　"再看看现在,我们已经搬了很多次家了。如今我的想法和以前大不一样了,甚至觉得以前自己太孩子气了。我丈夫很快就要退伍了,所以我们正在为定居做打算。应该说,这是我一直以来的愿望。可是,连我自己都不相信,我现在居然为不能再过流浪的生活而感到有些伤心，这真让人难以接受。这几年来，我走过了很多地方，也成长了许多，因为我遇到了各种各样的人。应该说，我现在已经成熟了很多，因为我已经学会了如何和那些与我们不一样的人相处。同时，我变得坚强了，再也不会因为失望而感到烦恼了。我明白了一个道理，即使你拥有一大堆的生活器具，也不会给你带来一个幸福的家庭。要想拥有幸福，最主要是让家庭充满爱和温暖。不管你面对什么样的困难，你要做的都是尽自己最大的努力。"

各位女士，你们为什么不像拉多女士一样呢？当你们的丈夫需要调职时，你们的选择是什么？扯住他的后腿，坚决不让他离开？哦不，这不是你明智的选择。你们必须离开，必须跟随丈夫到一个新的地方，这是你们最好的选择。当然，要想能够很快地适应新环境，女士们还必须做好一定的准备。

女士们在搬迁之前，首先要做的就是要有心理准备。女士们，你们不能有这样一个错误的想法，那就是指望新环境与老环境相同。很简单，每一个地方的环境都是不一样的，不可能完全相同。如果你丈夫必须到新的地方去工作，那么根本不需要担心，因为那个新的环境很可能会带来更多的机会。

当然，有了充分的心理准备之后，女士们接下来要做的就是尽自己的最大努力。那一年，我要去俄亥俄州一所大学教课。由于住房条件实在紧张，所以我和我妻子只能住在一间很简陋的房子里。起初，我妻子对这些条件很不满意，始终都不能完全融入到新的环境里。当时，我真的很担心，害怕妻子会因为熬不住而选择离开。事实证明我错了，我妻子做得很好。她对我说："现在我已经完全适应了这里的环境，因为在这里我学会了很多以前不知道的东西。虽然这里条件简陋，可房间打扫起来也比较容易。同时，我的邻居们也并不是不可接近的，他们每个人都非常友好、善良。当我看着周围年轻的夫妇们一起到学校上课，而且还能把很少的生活资料最大限度发挥的时候，我体会到了生活的真谛，并为我以前那种幼稚的想法感到羞愧。"

那一年，我和我太太都获得了一生最有价值的经验。我们认识了很多新的朋友，也过得非常愉快。更重要的是，我们明白了，一个人的生活环境与事业成就并不能决定他是否幸福。实际上，只要你想，生活总是会幸福的。

其实，很多女士并不是没有适应新环境的能力，而是她们在还没有尝试的情况下就做出退缩的决定。以前，我的一个朋友被调到一个新的地方工作，这是一次升职。为了等待这一天的到来，他已经做了很长时间的努力。可让人意想不到的是，他的太太在那里待了24小时之后就做出了一个决定——回家。太太的理由也是很充分的，他们在外面需要租房，而且一切东西都需要添置。尽管丈夫的薪水已经增加了，可那点钱只够雇个女佣的。因此，这位太太很"明智"地选择了离开。真的是这位太太不能适应环境吗？不是的，主要是因为她根本没有尝试去适应新的环境就做出了最后的决定。

女士们，我知道要想融入一个新的环境是件很困难的事，但你们必须努力地去做，而不应该选择整日抱怨。当你来到一个新的地方以后，你首先要做的就是努力地去结交一些新的朋友。实际上，有很多机会你们都可以利用，比如去教堂参加礼拜，去俱乐部参加聚会或是去社团参加活动。当你们把自己的热情投入到新环境以后，你们就会发现，其实适应它也不是很难。

罗莎·肯特夫人一家以前住在俄亥俄州。她很幸福，因为她丈夫是一位非常有名的地球物理学家。肯特先生受雇于洛克菲勒石油公司，经常要到世界各个地方去勘查地理情况。正因为如此，对于肯特一家来说，家的概念只不过是一对夫妇和四个孩子，至于房子？他们根本不需要。

肯特一家去过很多地方，甚至于还在世界上最荒凉的地方生活过。不过，很难让人相信的是，肯特一家从来没有把这当成是一种痛苦，相反不管在什么地方，他们始终都能生活得快乐、幸福。这真是个奇迹，不知道是什么样的力量造就了这样一个完美的家庭。

当我采访肯特夫人时，她笑着对我说："其实这没什么，卡耐基先生！家并不是简单地由一间卧室，一个客厅和一个厨房组成的，家有时是会变的。不过，不管怎么变，家始终都是我们心灵的港湾。由于我丈夫的原因，我们经常要变换住的地方，但我从来没有懊恼过。事实上，我和我的家人都随时做好了出发的准备。我们明白一个道理，只要我们愿意用心去寻找，世界上每一个角落都可以给我们带来幸福，也完全可以让我们在那里生长和学习。"

我被肯特夫人的话深深打动了，问道："那您能给我举一个具体一些的例子吗？我想那样更有说服力。"

肯特夫人点了点头说："好的，那就以巴哈马群岛为例吧！你知道，那里是个旅游的好地方，但作为居住地点，这似乎不是个好主意。尽管这样，我们还是想办法找一些事情让我们的生活快乐。我们在当地认识了一位朋友，是个潜水冠军。这下好了，我们家的那条小美人鱼苏珊终于可以在专家的指导下练习潜水了。真不错，那段时间她的进步简直太快了，最后终于在一次比赛中得到了奖牌。

你想想，如果我们没有去那里，怎么会得到奖牌呢？"我笑了，说道："那您能告诉我，您为什么会选择和丈夫一起去工作呢？"

肯特夫人也笑了，说道："这不是我选择的，是他们公司的安排，这是他们经理决定的。每当他们派自己的职员外出工作时，公司总是会要求太太们一起去。每个人对事物都有不同的理解，我认为，如果你想适应新的环境，那么最好的办法就是寻找各种各样的机会去学习一些新的知识。还有，如果你想让自己过得快乐些，那就不要去对你所处的现状抱怨，更不要抱着你过去的利益不放手。其实，就这么简单。"

是啊！其实就这么简单，但似乎并不是所有的女士都能做到。女士们，你们何必那么讨厌搬来搬去呢？说实话，老在一个地方待时间长了，是会碰到一些倒霉事的。如果你丈夫因为工作的关系需要搬走，那还有什么可犹豫的？这正是天赐良机，赶快高高兴兴地跟他走吧！不过，在走之前，女士们先收下我的几点建议，说不定会对你们有帮助。

如何适应新的环境

● 做好心理准备，不苛求新环境与老环境相同；
● 失去就失去了，没有必要整天愁眉苦脸；
● 结论最好在你尝试完以后再下；
● 把握好新的机会，不要过分地依恋过去。

他要经常加班加点

半年前的一天,我和妻子正在家中享用美味的晚餐,这时我的一位老朋友突然来拜访我。我们有很长时间没见了,但他看上去并没有什么太大的变化,只不过是显得非常疲倦而且情绪似乎也不怎么高涨。我问他发生了什么事,是不是遇到了什么困难?

他摇了摇头,说道:"戴尔,有些事情真的说不清楚。最近一段时间,我的工作忙得要死,因为公司正在筹备建立一家新的分公司。公司里每天都有忙不完的事情,所以我总是很晚才能回家。说实话,我并不是一个爱抱怨的人,因为我知道这对我们公司来说是非常重要的。"

我点了点头说:"那是什么让你如此疲惫不堪呢?"

他接着说:"你知道吗?我的太太非常不理解我,整天都抱怨我不能回家吃晚饭,不能陪她去逛街。天啊!我每天要在公司承受着极大的压力,回到家之后还不能安静地休息一会儿。我太累了,戴尔。真的!她为什么就不明白我这么做完全是迫不得已呢?如今,我已经被她搞得心神不宁,根本没办法将所有的精力都投入到工作之中。"

他离开之后,我对我妻子说,这个男人真是太可怜了。他一方面要承受着工作上的巨大压力,另一方面又要忍受着妻子给他的压力。在这两方面压力的作用下,他不觉得疲惫才是件奇怪的事。我妻子笑着说:"你最好在说别人之前先想想自己,难道你忘了吗?"

妻子的提醒使我想起了以前的一件事。有一段时间,我日夜不停地赶写一部有关演讲的书。那段时间，我和妻子都过得非常痛苦。我不需要去公司上班，因为我的办公室就在家里。可是即使这样，我依然没有时间和我的妻子一起吃饭、聊天，更别说是出去散步或是看电影。我每天所能做的就只有一件事，把自己关在书房中，一直埋头写到深夜。当我从书房中出来时，妻子早就已经睡熟了。

不光这样，由于我夜以继日地写稿子，我们的社交活动自然也就中止了。我们不去拜访朋友，也不能参加聚会，更不可能在家里举行晚宴。在那段时间，我和妻子似乎与外界隔绝了。不过幸运的是，我的那些朋友都非常通情达理，他们理解我，知道我这样做也是迫不得已的。

不过，当时我最应该感谢的并不是我的朋友，而是我的妻子。我非常理解，作为一个妻子，得不到丈夫的关爱是一件非常痛苦的事情。我妻子在那时感觉非常的孤独。但是，她并没有像我朋友的妻子那样对我抱怨，而是一直都默默地帮助我。她把所有的精力都放在我的身上，关注我的饮食情况，注意我是否休息得当，是否需要到外面呼吸一下新鲜空气等。当然，她也不可能终日围着我转，因为她同样需要快乐。于是，每当我不需要照顾的时候，她就会抽空拜访我们的朋友，或是参加一些聚会。

痛苦的日子很快就过去了，我的那本书也终于写完了。真的是太高兴了，因为我们的日子终于可以恢复到以前的样子了。

经历过这件事以后，我和妻子都明白了一个道理：在一个家庭中，妻子扮演着一个非常重要的角色。当一些特别辛苦的日子来临时，妻子应该说是整个家庭中最不愉快的人。然而，作为妻子，你必须忍受这些不愉快，而且还要去做很多不愉快的工作，因为你的丈夫需要你的这些工作。

女士们，你们必须明白这个道理，也必须按照这个道理去做。很多时候，丈夫都需要为他的工作付出很大的努力。这时候，他并不需要你像一个女强人一样在旁边指手画脚，也不希望你整天没完没了地抱怨和唠叨。他希望你就像护士和保姆一样服侍他，就像精神支柱一样支持他。你不会说任何让他分心的话，因为你所做的只是默默地等待着一切恢复正常。

我真心地希望各位女士能够像我妻子那样支持你丈夫的工作。事实上，你们正确的行为无疑是在激励着你的丈夫。你应该让他觉得，你追求成功的渴望一点都不比他们差。你可以用行动向他表示："加油，亲爱的，我会在后面永远支持你，不管你要为这个目标付出多少努力。"试想一下，在这种情况下，丈夫们怎么会不全身心地投入到工作之中呢？怎么会还有精力和时间去顾及其他一些不重要的事情呢？

有些女士可能会问，那我们到底该怎么做才能让丈夫安心工作？究竟有什么办法可以既帮助了丈夫又不让自己过得太痛苦？我仔细思考了这个问题，认为我妻子的做法有很多可以借鉴的地方，因此我把它们总结了一下。

应对丈夫加班工作的方法

● 合理安排他的饮食，使他有足够的精力应对工作；

● 给自己找一些新的兴趣，多参加一些娱乐活动，不要老是坐在屋子里发呆；

● 抽空拜访你们的朋友，让他们理解你丈夫的做法；

● 给你丈夫关怀和鼓励，让他知道你永远和他站在一起；
● 学会给自己减压，提醒自己这种事情不是经常发生。

女士们，你们一定想知道我为什么会把合理的饮食放在第一位吧？

这是因为，丈夫如果加班加点的话，那么一定会消耗很大体力。因此，你们必须合理地安排好丈夫的饮食。首先你们要经常给他们送东西吃，但每次的分量都不要过多。如果他的工作非常繁重，每天都要工作到深夜的话，女士们除了多给他们送吃的以外，还要十分注意食物的选择。你们应该选择那些容易消化的食物，因为这会使他的身体不需要付出额外的能量来进行消化，比如牛奶、水果沙拉、蛋糕、果汁以及芹菜等。这些东西不仅非常容易消化，而且还含有丰富的维生素。如果凑巧赶上他需要整夜工作的话，那么你应该从晚饭开始就控制他，坚决不让他吃一些不容易消化的食物。如果女士们觉得自己这方面的知识比较贫乏的话，你们可以买一些有关营养的杂志或书，上面有很多医生的建议，他们会告诉你如何才能让你的丈夫保持充沛的体力。

接下来，女士们要做的就是不让自己的生活过得枯燥乏味。我知道，一个人在家是件非常无聊的事，那么为什么不努力地改变自己，使自己受到别人的欢迎呢？实际上，这些事情并不一定需要丈夫的帮忙。女士们，我承认，做惯家庭主妇的你们可能在开始参加社交活动时会有一些不自然的感觉。其实，女士们大可不必有这种想法，因为只要你们愿意，是完全可以避免这种事情发生的。此外，女士们在参加社交活动时还可以采用一些小计谋，比如不要参加一些不适合你们的聚会，因为没有人愿意去理一个"多余的人"。你们可以尝试着去参加另一些聚会，说不定你们会受到难以想象的欢迎。

有一次，我的培训班上来了一位女士，她告诉我最近一段时间过得非常苦恼。我问她发生了什么？她对我说："卡耐基先生，你真的要帮帮我，我简直要发疯了！我丈夫现在忙得要死，每天都工作到凌晨。如今，他根本没有时间管我，我每天都独自一人守在那所房子里。"

我对她说："那你为什么不给自己解闷呢？为什么不去参加一些社交活动呢？"

她有些沮丧地说："你当我没有吗？我去了，参加了一个家庭妇女烹饪俱乐部。可是在那里我根本找不到快乐，因为没有人愿意理我。她们都说我不该去那里，因为我对烹饪根本一窍不通。"

我想了想，说道："你为什么要和别人一样呢？并不是每个家庭妇女都必须参加烹饪俱乐部的。实际上，你完全可以根据你的爱好和特长去选择你喜欢的俱乐部。"

后来，这位女士放弃了烹饪俱乐部，加入了一个女性读者俱乐部。在那里，她成为了最耀眼的明星，因为她对小说和诗歌有着非常独到的见解。每当俱乐部举行活动时，她的身边总是会围上很多人。人们都喜欢和她在一起探讨文学领域的事情。

如果女士们实在不愿意参加社交活动的话，那么你就自己排解烦恼吧！培养自己的一些兴趣，比如听音乐、绘画或是干脆去听一些课程。事实上，如果不是你丈夫忙得不可开交，恐怕你们还没有机会去做这些事情。女士们，你们既可以借这个机会陶冶自己的情操,又不会让丈夫担心你寂寞孤独。

还有一点非常重要,那就是拜访你的朋友。拜访朋友既是一种排解自己内心孤独的方法,也是帮助丈夫安心工作的方法。你的丈夫以前是个热情好客的人,总是会时不时地去拜访你们的朋友。可他突然不再去了,朋友们会怎么想?他们一定会认为你的丈夫一定是不想和他们做朋友了。因此,你有义务做丈夫的"使者",把这些情况全都告诉给朋友们。这样一来,你的丈夫就不需要去分心考虑该如何向自己的朋友解释了。

当然,女士们也不能总是默默无闻地做这一切。你们要向丈夫"邀功",要让他知道你们正在努力地帮助他们。他们会感动,也会更加努力地工作。

最后,女士们必须学会调节自己的心态,你们应该对自己说:"放心吧,这不会是经常有的事!这很快就会过去,我一定可以克服的。瞧,我现在做的不是很棒吗?"

你们将会迎来生命中的第二个蜜月。

嫁了个在家工作的人

之前,我曾经想过要不要写下这篇文章,因为在我看来这似乎并不适合所有的女士。事实是这样的,因为大多数女士的丈夫都是每天在公司或是工厂里面工作八小时。这些女士真的很幸运,因为她们远比那些要照顾在家工作的丈夫的妻子轻松得多。正当我犹豫不决的时候,一件事的发生使我做出了最后的决定。

那天中午,我妻子的一位朋友来看望我们。她叫朱丽·罗伯特,她丈夫约翰·罗伯特以前是一家报社的编辑。一进门,罗伯特夫人就和我妻子抱怨起来:"陶乐丝,请快救救我吧!我真的快要发疯了!"

我妻子有些不解地问:"怎么了?我的朋友!是什么事让你如此的烦恼?"

罗伯特夫人说:"还不是那个该死的家伙(指她的丈夫)!本来,他在报社干得好好的,每个月都有比较稳定的收入。如今,他不知道是听了谁的劝说,居然想要当什么作家。上帝,我真不知道他是怎么想的!"

我妻子笑着说:"我并不觉得这有什么不好,我的丈夫也是一名作家。"

罗伯特夫人有些不满地说:"可我不是你,陶乐丝!我真的不明白,这些年你是怎么过来的?你居然可以忍受你的丈夫在家工作。你知道吗,自从他辞职以后,我就没过上一天好日子。每天早上起来我需要做早餐,这是必须的,可他居然嫌我的声音太吵,难道他想让我用手来榨胡萝卜汁吗?以前的时候,他很早就出门了,那样我就可以边看电视边收拾房间了。可如今呢?我白天不能看电视,就连收拾房间的时候也要蹑手蹑脚,因为他说不那样做的话就会干扰他写作。更让人忍受不了的是,他现在居然嫌弃我们的孩子。他跟我说,让我想办法使孩子安静下来。天啊!你知道的,每一个孩子都是爱吵闹的。说实话,我现在真的开始怀疑当初选择他当我丈夫是否正确。"

最后,虽然我妻子一直都极力劝说她,可罗伯特夫人还是想不通，依然认为她先生在家工作是个错误的选择。事实是这样吗，女士们？答案当然是否定的。每个男人都有权利选择自己的工作方式，不管是在公司还是在家。

经历过这件事以后，我决定给那些丈夫在家工作的女士们以及那些丈夫可能在家工作的女士们写一点东西，因为这是必要的。女士们，我觉得你们还是应该看看这篇文章的，因为说不定将来的某个时候，你们的生活会发生意想不到的变化。

首先我必须承认，丈夫整天在家工作，对于那些每天都有很多家务要做的女士来说确实是一个非常大的麻烦。你在房间里走动的时候要小心，必须轻手轻脚的，因为不那样做就很可能会干扰你丈夫的工作。还有，当你正在打扫房间的时候，会不得已地关掉发出响声的吸尘器，因为你不能让它打乱丈夫的思路。当然，你更不可能邀请朋友到你家来做客，也不要去想举办什么聚会，因为这些都会干扰你丈夫的工作。的确，有这些条件限制确实让人很不舒服。如果你们嫁给了一个在家工作的丈夫，那你们的生活将不再充满乐趣。

其实，女士们大可不必这么悲观，所有的事情都是有解决方法的。面对这种情况，你们不应该去抱怨或是唠叨，而是应该尽快地调整自己，使自己能够适应这种生活，积极地配合他的工作。要想做到这一点，女士们必须保证自己有足够的爱心，还要让自己的心情保持愉快。作为妻子，你应该树立这样的志向：我有义务帮助他实现我们的共同目标，我相信他一定可以成功的。

我知道有很多女士不相信我所说的话，认为不会有人真的能够处理好这种局面。如果女士们是这样想的话，那么我就给你们举一个音乐家的例子。

相信杰瑞斯夫妇对于女士们来说一定不陌生。是的，唐·杰瑞斯是20世纪一位伟大的作曲家，他和妻子凯瑟琳·杰瑞斯在很早的时候就取得了令人羡慕的成就。如今，唐·杰瑞斯在美国一家著名的交响乐团做音乐指导，而且他的作品经常被美国及欧洲一些主要的交响乐团演奏。更加令人感到骄傲的是，唐·杰瑞斯的作品还被很多世界一流的大师级指挥家演奏过。

告诉女士们一个秘密，我们一家很幸运地和杰瑞斯夫妇成为了邻居。其实，所有的人都知道，唐·杰瑞斯正是在他妻子的帮助下，才取得了今天这样辉煌的成就。应该说，唐·杰瑞斯的成功有一半要归功于他的妻子。

唐·杰瑞斯是个作曲家，是的，他不需要去公司或是什么地方上班。他每天的工作就是待在家里，然后潜心搞他的艺术创作。为了让丈夫有一个舒适的环境进行创作，凯瑟琳特意在三楼准备了一个书房。可是，唐是个调皮的家伙，总是喜欢坐在餐厅里进行创作。相信，如果换作我们的朋友安妮女士，一定会忍受不了这种事情，可凯瑟琳做到了。她温柔体贴，从来不违背丈夫的意思。既然他愿意在厨房工作，那么凯瑟琳就会不声不响地在一旁准备一天的食物。

此外，杰瑞斯一家还有两个淘气的小家伙。哦，他们太吵了，有时候也会让唐有些烦躁。凯瑟琳理解双方，对谁也没有抱怨过。如果孩子们吵闹的话，她总会有办法使他们安静下来。

这些还远远不够，凯瑟琳总是想尽一切办法给她的丈夫创造一个舒适的生活和工作环境。为了帮助在家工作的丈夫，凯瑟琳放弃了自己所有的嗜好，把精力全都投入到家庭中来。她是个天生的烹饪专家,她家的冰箱里总是被各种各样的甜点、冰激凌和蛋糕填满。凯瑟琳知道,这些东西可以使丈夫有充沛的精力投入工作。不过,凯瑟琳是个非常细心的妻子,她从来都不赞成丈夫或孩子无节制地吸取热量。因此,她家的冰箱完全控制在她的手里,如果有必要,她会毫不客气地将冰箱门牢牢锁上。

还有一点我必须和女士们交代清楚,那就是虽然杰瑞斯一家取得了很大的成就,但他们和其他艺术家一样,也会受到经济问题的困扰。面对这些困难,唐几乎没有操过心,因为他的妻子就是他最好的"家庭经纪人"。诸如办理合约、制定家庭的开支情况或是决定家里哪些地方需要节约等,这些都是由凯瑟琳处理的。除此之外,家庭里的所有琐事都是由凯瑟琳来办,比如她的丈夫什么时候需要一套新的衣服。

我认为凯瑟琳真的非常伟大,因为她为丈夫付出了太多太多。有一次我向她请教,问她究竟是什么力量使她甘愿做出如此大的牺牲。凯瑟琳有些不好意思地说:"牺牲?我没觉得!实际上,这只是习惯而已。当你习惯了这种生活以后,你就不会觉得这是件很难的事,而且你也能从中体会到乐趣。如今我已经习惯他在家工作的日子,如果哪一天他不在家,比如去了录音棚工作,我反而会觉得不习惯,会一直想着他。"

女士们,你们羡慕凯瑟琳吗?你们希望能和她做的一样吗?也许你们现在不需要向她学习,但也保不准哪天就用上了,所以我认为你们还是先知道一些比较好。

要想给在家工作的丈夫提供帮助,首先要做的就是拥有一个平衡的心态。女士们,你们不可以抱怨,更不可以唠叨,而是应该理解你们的丈夫，支持你们的丈夫。特别是当他们的工作遇到困难时，难免会产生一些焦躁不安的情绪。这时候，你千万不可以意气用事，更不能和他对着干。你们要做的就是冷静头脑，想尽一切办法让他变得安心。

有了正确的心态以后，下面就是具体的方法了。作为妻子，给丈夫一个舒适的环境是自己的义务。尽管你不可能做到最好，但你应该努力去做。做完这些事以后，女士们应该选择离开，去做你自己的事情，因为有你在身边会打扰他们的工作。当然，在恰当的时候你们也应该去看看他，顺便问问他有没有什么需要你帮忙的。

想要让丈夫安心在家工作，那就必须确保他不被其他的事情打扰，比如做饭、照顾小孩、付钱给送货的人以及其他一些生活琐事。女士们应该做到这一点，除非房子失火了，否则家里没有什么事情应该惊动你的丈夫。你完全可以当他是透明的，然后自己处理所遇到的一切麻烦。

前面我们已经说过了，为了满足你丈夫的工作需要，你最好不要在家招待朋友，除非你的房子足够大，而且隔音效果还特别的好。最后我要说的是，作为母亲，你们应该知道怎样照顾孩子。孩子们需要玩耍，这是所有人都知道的一个常识。因此，女士们应该给孩子留出足够的时间让他们开心地玩耍。当然，这可能会打扰你丈夫，但你必须让他知道，这个家庭是需要和谐的，只有每个人的权利都得到应有的重视，才会给家庭制造出幸福的氛围。

女士们，我有几条建议，希望能够给你们提供帮助。

如何帮助在家工作的丈夫

- 想办法让丈夫过得舒适；
- 让他不会在工作时被打扰；
- 保持平稳的心态；
- 合理地安排自己的社交生活；
- 创造和谐的家庭氛围。

女士们，请相信我这几点建议，因为我的妻子一直在运用它们。你们知道，我也是一位在家工作的丈夫。我和陶乐丝结婚八年来，从来没有因为工作发生过什么不愉快的事情。如果女士们"不幸"嫁给了一个终日在家工作的男人，那么你们真的应该尝试一下上面的几条建议。

第七章
让你的家庭生活幸福快乐

和丈夫志同道合，就是婚姻美满的一个基础。

——〔美〕卡耐基夫人

珍惜丈夫的身体

有一本杂志上曾经刊登过这样一篇文章，据调查表明，在 50 多岁这个年龄段里，男性的死亡率要远远高于女性，而其中大多数男性又都是已婚的。最后，专家们进一步指出，这一切可怕的后果很大程度上是因为妻子的过失。

女士们可能认为这种说法太荒谬了，因为事实上你们是非常珍惜丈夫的身体的。为了让他有足够的精力去应对工作，女士们给丈夫准备了许许多多的美味食品，比如油炸食品、甜点或是其他一些高热量的食物。我承认，每位妻子都希望自己的丈夫能够吃得好一点，因为工作会消耗掉他们体内的很多能量。然而，正是妻子的这种"好心"却在一点点地谋杀着自己的丈夫。

有一次，美国科学促进协会在圣路易召开了一次会议，一位资深的教授说过这样一段话："战争是人类最可怕的灾难，人们对它的恐惧胜过了一切。然而，有一个事实却是非常可怕的，那就是实际上死于餐桌上的人要远远多于那些死于战场上的人。"

这位教授的话是很有见地的。细心的女士一定会发现，那些每天过着半饥半饱生活的劳工，他们的寿命竟然远远长于那些体重超常的丈夫们。《减肥与保持身材》的作者诺曼·焦福利博士在一次医学研讨会上说："在20世纪，美国公共卫生所面临的最大的问题就是肥胖，这是一件非常可怕的事情。"

女士们，你们是否清醒了？是否还想找各种理由对丈夫的腰围增长推卸责任呢？我们必须承认，丈夫们所吃的食物，很大一部分都是他们亲爱的太太亲手准备的，特别是那些烹饪手艺高超的妻子，她们丈夫的腰围更要粗一些。要知道，没有一个丈夫会拒绝妻子为他准备的精美食物，除非他做事从来都不近人情。就连人类的始祖亚当也曾经说："就是那个女人（指夏娃），她引诱了我，所以我就吃了下去。"

绝大多数男人在中年以后就很少进行运动了，这时他们体内所需的热量也就随之减少了。然而，在妻子的悉心照顾下，这些男人反而吃得更多了。作为一个妻子，你们有义务去维护丈夫的健康，使他养成一个良好的饮食习惯。

那么，究竟什么才是最好的食物呢？美国面粉协会的营养专家霍华德博士告诉我们:"要想减肥,首先就要少吃脂肪含量过高的东西,每天根据个人体能消耗的情况来安排三餐,最好不要过量地吃。此外,一定要均衡植物性蛋白和动物性蛋白。"

我们可以这样理解博士的话,世界上最好的食物就是那些低热量却能产生高能量的东西。如果你还是不清楚自己到底该怎么做,那我就建议你去看医生,他会给你一个非常合理的建议的。

此外,妻子们还应该注意一点,那就是当你的丈夫用餐的时候,千万不要让他的精神处于紧张状态。我们经常看到这样的情形:闹钟响了以后,丈夫马上从床上爬起来,匆忙地跑下楼,几口把早餐咽下肚子,然后迅速跑出门去赶7:58分的班车,接下来是紧张的工作,然后是15分钟的快餐,接着又是紧张的工作。这就是现代人的生活。

如果真是这样的话,那么妻子完全可以采取一些措施。其实很简单,只要你每天早起一会儿,为你的丈夫准备好早餐,然后让他悠闲地享受完这顿早餐。这不是件困难的事,我的一位朋友就是这样做的,她就是劳拉·布里森夫人。

劳拉的丈夫是一家不动产代理公司的财务主任,每天都有忙不完的工作。布里森先生经常会在晚上带回一整公事包的文件,然而由于太过劳累,他经常不能在晚上将这些东西处理好。针对这种情况,劳拉给丈夫提了一个建议,让他每天晚上早一点休息,然后第二天早晨提前一小时起床。事实证明,这种做法是相当明智的。如今,布里森一家已经养成了"早睡早起"的习惯,而且不管布里森先生是不是有很多工作需要回家处理。

布里森太太对我说:"我们每天都可以收到一份很好的礼物,那就是每天早上的那一个小时。这个礼物包括不慌不忙地享受一顿美味的早餐，还包括利用剩余的时间轻松地处理好丈夫手中的工作。这段时间的工作效率非常高，因为它是一天中最安静的时刻。没有人敲门铃，也没人打电话，我们可以坐在一起静静地读书，也可以做一些其他的事情。我丈夫很喜欢画画，这在以前根本是不可能的。可现在，他经常会自己在画板上画一些东西。如果我们实在没有什么事可做，那就到公园里去散散步，呼吸一下新鲜的空气。"

布里森太太还说："你知道吗？戴尔！这一个小时对我们来说太重要了！从那以后，我们每天都可以享受一个舒适的早晨，而且不管这一整天会发生什么，我们都有足够的精力去应对。不过需要提醒的是，这个办法只适合那些有早睡习惯的人。"

如果女士们也是那些匆忙应对早晨的妻子，那么你们真应该听一听劳拉的劝告，也许会对你们有很大的好处。至于说到底该如何珍惜丈夫的身体，我这里倒有几点建议。

如何珍惜丈夫的身体
- 时刻观察自己丈夫的体重是否超标；
- 让丈夫每年都定期做健康检查；
- 不要让自己的丈夫过度地劳累；
- 让丈夫有足够的休息时间；
- 让你的丈夫生活在快乐的环境之中。

女士们首先要做的就是给保险公司写一封信，从他们那里索要一张有关体重和寿命的对照表，接下来再称一下丈夫的体重，看看是不是超过了标准的10%。如果是，那么你们就有必要向医生索要一张有助于减肥的菜单了。不过，有一点女士们必须要注意，千万不要放松对丈夫的监督，让他们自己处理，更加不要相信那些说得天花乱坠的广告。不管你们要采取什么减肥措施，一定要首先争得医生的意见。当然，在保证饭菜营养健康的前提下，味道也是不能忽略的。

对于疾病来说，最好的治疗方法就是预防。众所周知，心脏病、糖尿病、肺结核以及癌症等是对人类威胁最大的几个杀手，如果我们能够在早期发现病情的话，那么是完全可以将生命挽回的。然而，很多妻子却忽略了这一点。美国糖尿病协会曾经做过统计，全美大约有200万人清楚地知道自己已经患上了糖尿病，但却有另外100万人并不知道自己已经患病，这一切都是因为没有做定期的检查。

对于现代人来说，有一个事实是很可悲的，那就是大多数人对自己身体的关心远远不如对汽车的关心。这时，做妻子的就要担负起监督的责任，因为你们必须让丈夫定期地接受健康检查。

另外，很多女士都对丈夫的工作十分支持，希望丈夫能够竭尽全力地取得成功。事实上，女士们的这种出发点是没有错的，但是这种做法却可能会缩短他们的寿命。当他们用自己的生命换回来成功的时候，却发现已经没有时间去享受胜利的果实了。因此，如果你的丈夫是要忍受很大压力才能获取升职的话，那么这种升职宁可不要。

我一直都这么认为，如果拼命地多赚钱所换回来的后果是身体的损害或是过早的死亡的话，那么我宁可选择少赚一些钱。女士们，这一点是非常重要的，如果你们的丈夫给自己施加的压力实在太大了,那么你们就必须想办法让他平和心态,不再被利益所驱使。在家庭中,妻子的作用是十分大的,因为一个女人的态度完全可以改变男人的行事准则。

如果女士们的丈夫每天都十分疲倦的话,那么你们就应该想一些好的办法帮助他们了。其实,抗拒疲倦的最好办法就是在感到疲倦之前就休息。每当你的丈夫回到家中的时候,你们完全可以让他们在午餐后或晚餐前小睡一会儿。这很有好处,因为它可以让你的丈夫能多活几年。事实上,很多成功人士都有午睡的习惯,正如朱利安·戴蒙满所说:"睡午觉是件很惬意的事,他可以让人们重新积蓄起精力来。"

最后一点,也是非常重要的一点,那就是妻子们一定要想方设法地给丈夫营造一个快乐的家庭生活。在那些突然倒下不能再站起来的男人中,绝大多数都是内心十分紧张、情绪不佳。他们的精神会反射出消极的思想,使他们失去正常的状态。接下来可能发生什么?这些人极有可能因为精神恍惚而被机器所伤,或是被来往的车辆撞倒。

此外,这样的人往往还会出现暴饮暴食的行为。这一点是剑桥大学的一位教授通过研究发现的,他说:"那些精神紧张、心情不快或是备受压抑的人,经常都会有狠狠地吃上一顿的想法。"

女士们,相信你们一定认识到了珍惜丈夫身体的重要性。是的,如果想真正取得事业上的成功,健康的身体则是一切的前提条件。因为只有精力充沛的人才能面对加倍的工作。作为妻子,你们有必要也必须对丈夫的健康状况负责,就像一首专门写已婚男性的歌曲中所唱:"我的生命是掌握在你的手中。"

让他有自己的爱好

我曾经不止一次地强调过，夫妻之间一定要有共同的目标和共同的爱好，因为这些是获得幸福婚姻的基础。然而，在这篇文章里，我却要提出与以前相矛盾的一种说法，那就是作为妻子，一定要让丈夫拥有属于他自己的爱好。

我曾经仔细阅读过《婚姻的艺术》这本书，里面有一段话给我的印象非常深刻，书上说："作为夫妻，两个人都必须做到能够互相尊重对方的爱好。这不仅是夫妻之间的一种礼仪，更是幸福婚姻的首要基础。这是一个很现实的问题，因为没有两个人会在思想、愿望以及意见上能够取得完全的一致。我们应该明白这种事是不可能发生的，当然也就不应该去奢望。"

女士们一定已经猜到了我想要说的内容。的确，你们是应该让自己的丈夫拥有一点私人空间。你们应该显得大度一点，让丈夫做一回任性的孩子，使他们可以按照自己的想法去做喜欢的事，尽管有时候你可能难以发现那些事的迷人之处。

在我和陶乐丝结婚以前，我就已经和赫马·科洛伊成为了一对非常要好的朋友。那时候，每当一有空闲，我们两个就会聚在一起，做一些我们彼此喜欢的事情。后来，我认识了陶乐丝，并和她结了婚，但我并不认为应该为此放弃这个乐趣。事实上，在我们一起生活的这20年时间里，我每个星期日的下午都会和赫马·科洛伊在一起。那真是件非常美妙的事情，我们或是一起在森林里悠闲地散步，或是去一家平日少有机会去的餐厅吃东西，或者干脆就在我家的庭院里聊天。不过，不管做什么，我们都会过上一个轻松愉快的下午。

有一次，我开玩笑似的和陶乐丝说："这 20 年来，每个星期日的下午我都不能陪你，难道你就从来没有抱怨过吗？"

陶乐丝回答说："开始的时候确实有这样的想法，但后来发现这很愚蠢。因为一个星期有七天，除了那天下午以外，你所有的时间都在陪着我，所以我不应该有什么抱怨的。况且，你们是在享受一种既轻松又自在的乐趣。我非常清楚，当你享受完这种乐趣以后，你会再一次回到我身边，或是投身于工作中。正是我的这种'纵容'，才使得你有足够的活力去面对新的一周。"

我真的要非常感谢我的妻子，因为她对我是如此的大度。有一次，我和赫马·科洛伊说起了这件事，没想到他居然和我有同样的感受。他告诉我，因为写作的需要，他曾经长期居住在加州的一所农场里。有一次，他的邻居威尔·勒吉斯先生提出想要买一把十分难看而且杀伤力很大的南非大刀。当时，勒吉斯太太不知道丈夫为什么要买这个危险的东西，而且认为自己有必要劝告他不要去买。因为勒吉斯太太认为，自己的丈夫极有可能只是心血来潮，说不定在买回来之后的第三天就不再去管它。

不过，勒吉斯太太还是很理智的，因为她最后决定要迁就丈夫。不光这样，她还特意亲自跑到了省城，为丈夫买回来了那把大刀。赫马清楚地记得，当时的勒吉斯先生就像一个收到圣诞礼物的小孩一样兴奋。

那么这把大刀到底对勒吉斯先生有没有用处呢？事实证明是有的。在他们的牧场里有一处杂草丛，他经常一个人带着大刀去那里清除杂草。这些都是次要的，最主要的是，每当勒吉斯先生遇到什么难题无法解决时，他总会悄悄地跑到那里去，发疯似地狂砍一阵。

当他把心中所有的烦恼都发泄出来以后,那些棘手的难题往往也已经得到了解决。

赫马对我说,勒吉斯总是见人就说,他一生收到的最好的礼物就是妻子送他的那把大刀。是的,因为勒吉斯太太帮助了自己的丈夫。坦白地说,勒吉斯太太在最初并没有意识到这东西能有如此大的意义,她之所以这么做,主要是因为她认为自己应该满足丈夫的要求。

女士们,相信这时你们已经非常清楚了,一种嗜好对于一个男人来说是非常有帮助的。勒吉斯先生的大刀已经证明了这一点,因为它帮助勒吉斯先生发泄了心中的烦闷情绪。

还有一点我必须告诉女士们,那就是如果让你的丈夫培养起一种嗜好,这不仅对丈夫非常有好处,而且对妻子也很有好处,这也是有事例证明的。

罗林·哈瑞斯夫人是我的一个远房亲戚,她的丈夫吉姆斯·哈瑞斯是一家石油公司的审计员。每当空闲下来的时候,吉姆斯总是拿起他的工具,或是把屋子装饰一番或是把那些旧家具修理一通。他的妻子从来没有抱怨过他做这些"无聊"的事,因为吉姆斯的手艺不亚于那些专业人士,而且这还能使他们的家庭变得愉快自然。

同时,吉姆斯还很喜欢小动物,总是想出各种办法来训练家里那只苏格兰小猎狗。虽然这只小狗的技巧与那些专业的马戏团小狗相比还差得远,但它却给周围的邻居带来了很多乐趣。对此,罗林感到非常的满意。

不过,在这里我必须提醒各位女士,我们可以让丈夫拥有自己的爱好,但这并不代表可以容忍他们"玩物丧志"。如果有一天你们发现自己的丈夫对那些所谓的爱好表现出的热情远远大于对职业的热情时，那么就应该马上警觉起来。因为这已经向你发出警告，有些事情已经偏离了固定的轨道。这些情况是在向你暗示，一定是某些地方出现问题了，使得你丈夫已经失去了对工作的兴趣。这时，作为妻子，你们不应该再继续纵容了，相反应该深入了解丈夫的情况，然后帮助他进行调整。这么做的原因很简单，妻子之所以让丈夫拥有自己的爱好，主要是为了对单调枯燥的生活进行调剂，从而消除他的紧张情绪。如果爱好没有成为生活的润滑剂反而变成毒药的话，那么它就失去了积极的意义。

有些时候，具有积极意义的爱好是有很大功效的，甚至于可以成为一个人的精神支柱。《基督教科学箴言报》上曾经报道过克拉克夫妇的故事，他们两个在"二战"期间曾被关在日本的战俘营。

当时的克拉克夫妇在中国的上海工作，从1941年开始，他们就被关在了战俘营，并在那里度过了难熬的30个月。克拉克先生在回忆那段时间时说："开始的时候我们真的很痛苦，认为自己一定是没有勇气再活下去了。但是，令所有人都没有想到的是，我和妻子在彼此的爱好的支持下，居然快乐地度过了那段时光。从那以后，我和妻子清楚地认识到，任何蛮横的侵略者虽然可以剥夺掉他人的财产、职业，也可以毁掉一个家庭，但是他们却永远不可能毁掉一个人的兴趣。只要一个人还有兴趣，那么他就永远不会失败，因为他的精神根本不会崩溃。不过，我希望人们清楚，我所说的兴趣并不是指那些庸俗的，而是那些深具创造性的，比如，我对音乐的爱好以及我夫人对文学的爱好。"

克拉克先生一直都很自信，因为他有过那样一段经验，所以自己完全有资格来给别人讲解爱好的真正价值。在那篇文章的最后，克拉克先生给了所有人一个建议："每个人，我是说所有的人，不分性别，都应该给自己培养一种爱好，即使是被动的。这对所有人都很有好处，因为当你们不需要工作的时候，这些爱好就可以给你的生活带来很大的乐趣了。"

我相信，女士们在看到这里的时候，心中一定已经下决心帮助丈夫培养爱好了。那么，我这里还有一条建议送给女士们，你们除了让丈夫有自己的爱好以外，还必须给他足够的时间和空间，以便让他能够安静地去做自己喜欢的事，只有这样那些东西才是真正属于他们的。应该说，这是所有男人都梦寐以求的东西。

遗憾的是，很多女士，尤其是那些家庭主妇，并不十分看重男人的爱好，因为她们每天都有很多时间一个人独处，所以对男人这种无理、奇怪的要求很难理解。其实，这些女士们不明白，一个男人偶尔被妻子"抛弃"，这并不是一件可悲的事情。相反，男人们正好可以借此机会使自己得到一定的解脱，因为他们终于可以不受女人的约束和限制了。在这段时间里，他们可以完全地支配自己的时间，自由地享受一下生活。

曾经有一个快乐的单身汉对我说，在他眼里，相貌、身材以及财产等状况都不是最重要的。如果有一个女人在平日里能够陪着他，而在他需要独处的时候又可以满足他的话，那么他会毫不犹豫地选择和她结婚。

有些丈夫喜欢打保龄球，那么妻子们就不如放任他们去打一通宵；有的丈夫喜欢打牌，那么就不妨允许他们多玩一会儿；如果他们喜欢钓鱼、修理东西或是读书，那么妻子们就都应该尽量满足他们的要求。女士们必须明白一点，不管丈夫怎么安排那些时间，他们都是会感到非常快乐的。这种自由独立的感觉比做任何事情都美妙。我敢保证，凡是那些明智的妻子都会选择帮助丈夫实现愿望。

女人的爱好，男人的"运气"

夫妻之间如果能够分享同一件东西无疑是一件非常美妙的事情，不管这件东西是一杯茶或仅仅是一个突发奇想。这种行为会增进夫妻之间的感情，使双方的关系更加亲密。如果妻子能够拥有和丈夫相同的爱好，也就是说和丈夫分享一种兴趣的话，那么他们的家庭一定美满和谐。这也就是我为什么说，女人的爱好就是男人的"运气"。新泽西的婚姻关系专家克里斯·瓦德赫兹曾经对美国250对夫妻进行过调查。他发现，凡是那些婚姻比较成功的家庭都有一个共同的因素，那就是夫唱妇随。

女士们此时一定想知道，夫唱妇随究竟是有哪些要素呢？其实很简单，比如夫妻之间共同的爱好、相同的朋友以及一致的生活目的等。不要小看这些东西，正是它们才把人们紧密地联系起来。我一直都习惯以事实来证明我的观点，现在就请女士们和我一起来看看实例吧！

亚兹·莫里夫妇无疑是美国最著名的一对夫妻。亚兹和他的妻子凯瑟琳已经结婚28年了。这些年以来，夫妻二人一直都并肩作战，一起教学生舞蹈。夸张一点地说，他们有可能是有史以来拥有学生最多的老师。

为了探求他们婚姻成功的秘诀,我专程拜访了凯瑟琳。之所以这样做,是因为我一直都坚信,妻子才是决定婚姻是否成功的最关键因素。见到凯瑟琳之后,我开门见山地说:"我真的佩服你们,难道你们天天在一起工作不会使生活陷入单调和无聊之中吗?在我看来,要想把工作和私人生活区分开简直是一件非常困难的事。"

凯瑟琳笑了笑说:"其实这没什么困难的,只要我稍作休息就可以办到了。我一直都有个原则,那就是一定要把自己打扮得漂亮些。这可不是为了取悦其他的男性,因为我只在意丈夫对我的看法。这些都是次要的,最主要的是我能和丈夫一起分享共同的嗜好。我们两个喜欢运动,也都喜欢游戏。只要一有空闲,我们就会一起去享受这种乐趣。就在上一周,我们还一起去了百慕大旅游。应该说,正是这种共享生活的乐趣,才使得我们的关系永远密切。"

我承认,如果一个家庭把工作当成生活中的最重要的事情的确会很枯燥乏味。可是,如果妻子能够巧妙地运用一些小技巧,和丈夫拥有相同的爱好的话,那么你就一定可以达成心目中"夫唱妇随"的愿望。美国著名的心理学杂志《临床心理》上曾经这样写道:"共同的兴趣、相同的气质,这些都是塑造完美婚姻的必要因素。然而,与迎合对方的兴趣比较起来,这两点又显得微不足道了。"

有些女士可能会抱怨说,自己和丈夫根本没有什么共同爱好可言,也不觉得和丈夫拥有同样的爱好是一件很重要的事。相反,她们认为这是一件有失尊严的事,因为她们觉得为什么改变的一定要是女方而不是男方。

我想,有一点你们不得不承认,那就是你的地位恐怕不会再比居住在尼罗河附近的古埃及艳后克娄巴特拉高贵。可是,这位埃及的女王却掌握这一门控制男人的技巧,那就是和他们分享嗜好。一位历史学家曾经这样评价说:"尽管克娄巴特拉算不上是一等一的大美人,但是她却有一个致命的法宝,那是一种和别人分享嗜好和快乐的能力。"

为了让附属国忠心效劳,克娄巴特拉几乎学会了他们所有的语言。当那些使者带着贡品前来朝贡时,克娄巴特拉就会用他们的家乡话和他们交谈。虽然她说不出什么精美华丽的语言,但却赢得了那些人的好感。

古罗马帝国的大将军安东尼非常喜欢钓鱼。当他远征埃及的时候,克娄巴特拉就放弃了自己日常的享受,甘愿陪同安东尼钓鱼。据说,有一次安东尼将军整整半天也没有钓到鱼,所以非常恼火。这时,克娄巴特拉就找来一个奴隶,让他悄悄地潜入水中,在将军的鱼钩上挂了一条大鱼。安东尼将军自然是喜出望外。

此外,这位将军还喜欢赌博。于是,克娄巴特拉就约上安东尼,一起化装成平民,然后就一同前往亚历山大的地下赌场豪赌一番。总之,克娄巴特拉不管做什么,首先考虑的都是安东尼是不是喜欢。

如果换成是那些女士,恐怕事情就没有这么乐观了!她们才不愿意为了一个什么将军而放弃华丽的衣服,还要去忍受潮湿和严寒。当然,她们也没有兴趣去陪丈夫钓什么该死的鱼。

曾经有很多孤单且不快乐的太太和我抱怨,说他们的丈夫把唯一的休息时间都浪费在高尔夫球场上了。我为这些女士感到可惜,为什么她们不能学学克娄巴特拉呢?我的好朋友富丽茜·萨姆德就学会了克娄巴特拉的技巧。

瑞阿·萨姆德是一位著名的工程师,很多非常有名的建筑都是他设计的。这位工程师在年轻的时候就酷爱运动,还参加过奥林匹克游泳代表团,也曾经获得过高尔夫比赛冠军。富丽茜刚嫁给瑞阿的时候,对体育简直一窍不通。不过,富丽茜仅仅用了几年时间就学会了打高尔夫球。不光这样,这位貌不惊人的小夫人居然是三次女子游泳比赛的冠军。富丽茜这些成绩是如何取得的,相信不用我再多说了。

假设我的这位朋友不去和丈夫分享他的嗜好,当然更不可能会不厌其烦地专心研究,那么这对瑞阿先生来说无疑是一场悲剧,因为它必须放弃生活中很多有价值的活动。当然,还有另外一种情况,那就是当瑞阿先生在外面玩得兴起的时候,可怜的富丽茜只得独守空房。

我的邻居阿迪加·赫斯太太可没有富丽茜的耐心,她才没有兴趣去参加什么体育活动呢?不过,她总是会陪丈夫去看体育比赛,因为她丈夫喜欢这些东西。阿迪加太太知道,她的丈夫在工作了一天之后,很需要放松一下,至少也应该让他喘一口气才行。

我绝对不会相信,一个妻子如果和丈夫有共同的爱好,并愿意在一起享受这种爱好带来乐趣的话,她的丈夫还会冷酷地将妻子丢在家里?你的丈夫绝对不会把你一个人留下,然后独自去享乐的。当然也有例外,一种情况是这个家伙是个无可救药的、彻彻底底的自私者,另外一种情况就是你的丈夫也许根本就不爱你。如果没有这两种情况,那么就只能说明你做得还不够,因为你没有尽到自己应尽的责任,使你的家变成一个快乐的、诱人的休憩小屋。

弗朗西斯·苏特夫人家住纽约。后来,她在一次旅行的途中认识了苏特先生，二人一见钟情，并很快结了婚。然而，婚后的生活并不像弗朗西斯女士想象的那样美好，实际上那时候的生活非常不愉快。女士们都知道，一对新婚夫妇正应该是最甜蜜的，按理说两个人应该一刻也不想分开才对。可是，苏特夫妇却不是这样的。尽管弗朗西斯热切地希望自己的丈夫能够把周末的时间留给自己和家庭，但是苏特先生却从来没有过。不只这样，苏特先生有时甚至把所有的休闲时间都花费在和朋友外出旅游上。他的这种做法让苏特太太很伤心。

不过，苏特太太并没有唠叨，也没有抱怨，更不是跑回娘家向自己的家人哭诉。苏特太太找到我，因为她知道一定是自己身上出了问题。她希望我能够给她提供帮助。我问苏特太太："你知道你丈夫对什么最感兴趣吗？"苏特太太想了想，说："爬山？不，也许是划船。哦，也不是，可能是旅游。等等，让我想想！啊！应该是打猎！我想是的。"我笑对苏特女士说："如今，你连你丈夫的爱好都不知道，恐怕我是不能帮你了。"

就这样，苏特太太开始回去潜心"研究"丈夫的爱好。经过一段时间的观察，她发现自己的丈夫原来是一名具有专家水准的象棋爱好者。于是，苏特太太就缠着丈夫教她下棋。开始的时候，苏特太太还只是假装喜欢，等到后来她真的喜欢上下棋了。如今，她已经是一个非常高明的象棋选手了。

此外，苏特先生还很喜欢参加各种各样的舞会。于是，苏特太太就想尽办法把家布置得非常舒适。这样一来，她的先生就可以经常带朋友来家举行舞会，而不是要跑到外面去疯狂了。

现在，苏特夫妇已经结婚多年，而这种做法还一直发挥着作用。自从苏特太太改变自己以后,苏特先生就很少外出了,甚至于现在苏特太太想让他出去都不行。有一次,苏特太太对我说:"谢谢你,卡耐基先生。如果能够使丈夫过得快乐,那无疑是我们做妻子的所能做的最重要的事。我现在没有什么理想,最大的愿望就是与丈夫和睦相处,成为一名快乐的家庭主妇。"

是的,苏特太太已经让自己的丈夫快乐了,而且她也成为了一名快乐的家庭主妇。如果女士们还没有做到,那么就赶快改变一下自己的爱好,因为女人的爱好,就是男人的"运气"。

喋喋不休是幸福婚姻的禁忌

前不久,一位老朋友的儿子找到我,希望我能够帮助他摆脱现在的困境。坦白说,这是一位非常不错的年轻人,二十几岁,在一家广告公司工作,拥有一份不错的薪水。我知道,在这一行工作竞争是非常激烈的,而且压力也很大。年轻人告诉我,他现在真的非常需要妻子给他安慰和爱心,好让他能够有足够的勇气面对一切。他的太太是很积极地帮助他,不过这种帮助却是以喋喋不休的唠叨为前提的。

年轻人受不了了,因为在他太太无休止的嘲笑和指责下,他已经失去了振奋的勇气。他跟我说,其他的事情都不是问题,最让他难以忍受的是,他妻子已经用喋喋不休逐渐磨平了他的信心。最后,他丢掉了这份工作。接着,他又向妻子提出了离婚。

我真的不愿意看到这场悲剧性的婚姻,但它确实发生了。女士们，不知道你们对此有何看法，但我要告诉你们的是，作为一名太太，你对丈夫无休止地、喋喋不休地唠叨，就好像是不起眼的水滴，正在一点点地侵蚀着幸福的石头，我把它称为最高明的杀人不见血的方法。

女士们，你们必须牢记一点，地狱的魔鬼一直都仇视世上所有美好的东西。为了毁灭一切幸福，他们经常把无情的大火抛向人间，其中最邪恶、最阴险、对爱情最有杀伤力的就是喋喋不休。它无色无味，而且还很不起眼，可是却比美杜莎的鲜血还要毒。一旦它侵入你的家庭生活，那么你就永远与幸福无缘。

女士们，我并不是在这里危言耸听，因为与奢侈、浪费、懒惰、不忠等行为比起来，喋喋不休的唠叨给家庭带来的痛苦更深。也许女士们认为我这么说是没有凭据的，那么就请你们听一听专家的建议吧！

莱维斯·托莫博士是著名的心理学家。他曾经展开过一次调查，让1000名已婚的男士写出他们心里认为妻子最糟糕的缺点。调查的结果让人大吃一惊，因为几乎所有的人都在第一项就写下了"唠叨"这个词。博士对我说："一个男人婚后的生活能不能幸福，几乎完全取决于他太太的脾气和性情。即使他的太太拥有人类所有的美德，可她只要拥有了喋喋不休这一项缺点，那么一切美德也就等于是零。"

为了能够得到更加明确的答案，我请托莫博士给我列举了喋喋不休的几条危害，现在我再把它们告诉给女士们。

喋喋不休的危害
- 使丈夫失去斗志；
- 让丈夫对你产生厌烦；
- 毁掉丈夫对你的爱情；
- 吞噬你的幸福婚姻。

女士们，你们相信托莫博士说的吗？我相信，因为我知道有个人就是受不了妻子的唠叨而离家出走，最后悲惨地死在了外面。其实，这个人很多女士也熟悉，他就是大文豪托尔斯泰。

按理说，托尔斯泰夫妇应该每天都享受着生活的快乐。是的，托尔斯泰的两部巨著在世界文学史上都闪烁着耀眼的光芒。他的名望非常大，他的追随者数以千万计，财产、地位、荣誉，这些东西他都已经拥有了，而它们也都为美满幸福的婚姻奠定了基础。的确，在开始的时间里，托尔斯泰和夫人度过了一段非常幸福和甜蜜的生活，直到那件事的发生。

由于一些未知的原因，托尔斯泰的性情发生了很大改变。他开始视金钱如粪土，把自己所有的伟大著作都看成是一种羞辱。他放弃了写小说，开始专心写小册子。他开始亲自做各种各样的活，尝试着过普通人的生活，而且还居然努力去爱自己的敌人。

托尔斯泰的突然改变给自己制造了悲剧，因为他的妻子不能容忍他的这种变化。这位夫人喜欢奢侈的生活，渴望名誉、地位和权力，喜欢金钱和珠宝。然而，这一切，托尔斯泰都不能再给她了。因此，她开始喋喋不休地唠叨、吵闹，甚至当得知托尔斯泰要放弃书籍的出版权时，她居然把鸦片放在嘴里，威胁要自杀。

就这样，美好的婚姻被喋喋不休摧毁了。在托尔斯泰82岁那年，他再也忍受不了妻子的唠叨了。1910年10月，那是一个下着大雪的夜晚，托尔斯泰偷偷从妻子身边逃了出来。一位可怜的老人在寒冷的黑暗中漫无目的地走着，11天后，这位世界文学巨匠患上了肺病，死在了一个车站上。当车站人员问起老人最后的愿望时，托尔斯泰回答说："请不要让我再见到我的妻子。"

托尔斯泰夫人终于为她的喋喋不休付出了代价，不过在最后她也明白了一切。临死前，她对孩子们说："是我，是我，真的是我，是我害死了你们的父亲。"很可惜，托尔斯泰夫人明白得有些迟了。

事实上，很多名人虽然有着骄人的成绩，但却依然不能摆脱忍受妻子唠叨的痛苦，比如法国皇帝拿破仑三世的侄子，我的偶像亚伯拉罕·林肯，还有那个躲在雅典树下沉思的苏格拉底。

我知道，女士们之所以会唠叨，无非是想以这种方式来改变自己的丈夫，希望自己的丈夫能够变成自己想要的那种。可事实呢？古往今来，好像还没有一位妻子真的通过唠叨达到了自己的目的，相反她们给自己换来的都是苦果。

前一段时间，我以前的一位邻居来到纽约看我，看得出他现在过得非常开心。我问他现在在做什么工作，他说他已经是全美一家著名公司的副总裁了。我发自真心地替他高兴，并表示了祝贺："真是太好了，你妻子劳拉想必也一定非常高兴。"没想到，我的朋友却有些生气地说："戴尔，你最好不要在我面前提到她，因为我现在的妻子名叫露易丝。"我不明白他为什么这么说，因为我清楚地记得他妻子的确是叫劳拉。最后，邻居告诉了我事情的原委。

原来，他婚后的生活一直都不幸福。他的妻子太挑剔了，对他所做的每一件事和每一份工作都表示轻视，他的事业差一点毁在他太太的手上。他从乡下出来以后，在城里做了一名推销员。他很热爱这份工作，把所有的热情都投入到里面。可是，每天晚上，当他拖着疲倦的身体回到家中时，得到的却是妻子无休止地唠叨："瞧瞧，谁回来了？今天生意不错吧，一定拿回不少钱！怎么样？想必你比我还要清楚，再过几天我们又要付那该死的房租了。"

这种痛苦一直折磨了他好几年，最后，我的邻居终于凭借自己的努力取得了骄人的成绩。可惜，他的太太也不能再留在他身边了，因为他娶了一位年轻而且能够给他足够爱心的女孩。

我不想去评价我邻居这种做法是否正确，但我知道，他其实也并不想这么做，只不过他想从第二任妻子那里得到一些他渴望的东西而已。

看来，喋喋不休的确是幸福婚姻的大忌。不过女士们也不需要太担心，因为只要你们想改，还是完全可以把它克服的。我在这里给女士们几点建议，希望它能够对你们有所帮助。

1. 做丈夫的合伙人。

你应该跟你的丈夫说，你已经下定决心改掉这个让人生厌的缺点了。你现在需要他的帮助，那就是得到他的监督。每当你开始唠叨的时候，那么你的丈夫就有权力对你进行处罚。

2. 学会把自己说过的话忘记。

不管遇到什么事情，你都应该学会只说一次或是两次，最多不要超过三次。你必须做到这一点，那就是当你对丈夫提完一个要求的时候，你很快就会把它忘记。

3. 用温柔的方式达到目的。

不管你愿意不愿意，也不管你用什么方法，总之你都应该想尽一切办法采用温柔的方式达到你的目的。就像我祖母告诉我的，用甜的东西作诱饵抓苍蝇，可比用酸的东西有效得多。

4. 冷静地处理问题。

发生了问题时，先不要说话，把它记在纸上。当你和丈夫都冷静的时候，再拿出来一起讨论。

别做婚姻的文盲

美国婚姻关系研究专家迪尔科·波多勒曾经说："在美国，每年都有很多对青年男女开始他们的婚姻生活，同时又有很多对夫妻结束他们的婚姻生活。很多人，特别是女性，对他们婚后的生活非常不满意，认为结婚后的生活质量远远没有达到他们预期的目标。事实上，并非所有的婚姻问题都是在婚后才产生的，有很多是在婚前就已经有了。很多年轻人在对婚姻没有正确认识的情况下就草草地选择了结婚，从而为以后婚姻问题的出现埋下了定时炸弹。我可以肯定地说，现在大多数美国的青年人，也包括那些已婚的夫妇，至今依然在做婚姻的文盲。"

不知道女士们在看到迪尔科这段话的时候是什么感受？也许你们并不同意他的看法。你们已经结婚几年、十几年甚至几十年了，但你们的婚姻依然在持续着。虽然偶尔会发生一些摩擦，但那也是不可避免的。的确，女士们和你们的丈夫都在为维持你们的婚姻做着努力,这是你们双方的责任和义务。然而,如果我在这里问女士们:"你们的婚姻幸福吗?你每天都过得非常快乐吗?"我想,很多女士们并不一定就可以很理直气壮地回答我说:"是的!"

事实上,很多妻子,特别是那些已经结婚很多年的妻子,对待婚姻往往是一种"勉强"的态度。她们的婚姻没有激情、没有快乐,也没有新鲜感。对于他们来说,婚姻不过是代表着时间的推移,并没有其他任何意义。

导致这一现象产生的根本原因就是女士们缺乏对婚姻有一个正确的、透彻的、清楚的认识。她们或是把婚姻看得过于浪漫,或是把婚姻看得过于理性,这也是为什么迪尔科把她们称为"婚姻的文盲"。我曾经对这一问题做过细致地研究,发现这类女性往往在对婚姻的认识上存在五大误区:

第一大误区:爱情就等同于婚姻。

持有这种想法的女士大有人在,家住纽约肯德尔大街B区162号的阿尼小姐就是一个典型的例子。阿尼在年轻的时候非常喜欢读言情小说,而且每每都被书中的情节吸引。她对爱情和婚姻充满了许多美好的憧憬和向往,非常希望能够过上书中所描写的生活。后来,她认识了达沃尔,一个风趣幽默的年轻人。在相处了两年以后,阿尼决定和达沃尔结婚。这是因为,一方面达沃尔很会讨阿尼欢心,总是会制造出一些阿尼意想不到的浪漫事情,这使阿尼终日都陶醉于爱情的甜蜜之中;另一方面,阿尼一直都对婚姻有着向往,所以她不想错过这次机会。在结婚的前一天晚上,阿尼整夜都没有睡着,因为她已经为自己婚后的生活编织了一个美好的梦。她梦见自己每天都和达沃尔一起缠绵。他们一起吃早餐、午餐、晚餐,还时不时地出去野炊。达沃尔对她非常好，时不时地送她一些小礼物。后来，他们有了孩子，一家人过上了幸福美满的生活……

然而，阿尼这个美好的梦在结婚后很快就被打破了。失去了婚姻的新鲜感以后，达沃尔不再像以前那样对她甜言蜜语，更不会准备什么礼物。此外，为了维持生计，达沃尔每天都做着早出晚归的工作，根本没时间陪她。后来，孩子也出生了，但这并没有让阿尼感到高兴，因为女士们都知道，照顾孩子是一件非常麻烦的事情。于是，阿尼对婚姻失去了信心，甚至开始怀疑自己当初选错了人。如今，阿尼每天还都生活在后悔、抱怨和唠叨之中。

是谁制造了这场悲剧？达沃尔？不，是阿尼自己。如果她不是把婚姻想象得非常浪漫，而是对婚后的生活有清醒认识的话，相信现实的婚姻也不会让她有如此巨大的反差感。这种类型的女士把婚姻看成童话，丝毫也没有考虑到其中的现实成分。因此，一旦婚姻从童话回到现实中，马上就会引起这些女士的不满，继而导致婚姻出现问题。

第二大误区：婚姻不需要浪漫。

持有这种观点的女性大多是那些结婚很多年的妻子。她们在对婚姻的认识上与上一种女士正好相反，是把婚姻看得太过现实。很多结婚多年的妻子都认为，丈夫和自己之间已经没有什么新鲜感可言，更不可能找到任何新鲜感。于是，她们放任婚姻枯燥、平淡、乏味地发展下去，也并不想为改变婚姻做点什么。

我曾经问过一位结婚15年的女士，问她如何评价自己现在的婚姻质量。那位女士坦言说："简直糟糕到了极点，每天都重复着前一天的内容，根本没有任何浪漫和激情可言。"我又问那位女士，是不是愿意为改变这种现状而做点什么。那位女士说："不，我没那么打算过！虽然我们的婚姻状况很糟糕，但是其他夫妻也是一样。事实上，这才是真正的婚姻生活，它并不像很多年轻人想象得那样浪漫。其实，早在几年前我就已经对这种状况做好了准备，所以现在也并没有觉得有什么不妥。"

这类女士确实是认识到了婚姻的现实一面，然而却忽略了它浪漫的一面。虽然她们对现在的婚姻没有怨言，但并不代表这就是一段没有问题的婚姻。最简单的说，她们的丈夫也许就和她们有着相反的看法。

其实，要想使婚姻浪漫一点并不是什么难事，有很多方法都可以采用。比如，女士们偶尔不妨奢侈一下，和丈夫来一顿烛光晚餐，或是在饭后挽着丈夫的手臂到树林中散步。如果有必要，即使是结婚很多年，妻子也可以尝试着和丈夫撒撒娇。虽然这看起来多少有些肉麻，但的确可以起到调节婚姻的作用。

第三大误区：一切都是他的错。

很多女士都曾经和我抱怨说，他们的丈夫是个木头脑袋，一点都不解风情。有的甚至干脆和我说，她们已经对丈夫没有吸引力了，因为丈夫已经不像以前那样对她甜言蜜语、关怀备至了，当然更谈不上什么浪漫可言。

我曾经采访过很多位不解风情的男人，"责问"他们为什么对妻子的要求视而不见。结果，那些男人无一例外地和我大声叫苦。他们告诉我说，并不是他们本意不想给妻子一段浪漫幸福的婚姻，而是现实的生活不给他们机会。为了维持整个家庭的生活，丈夫们不得不每天早出晚归，而且还要在外面承受巨大的工作压力。这样一来，丈夫们就把大部分精力花费在养家糊口上，因此也就没有心思去考虑什么浪漫与温馨了。

虽然上面那些话听起来好像是借口，但它也的确是现实存在的。女士们，我真心地希望你们不要把所有的错误全都推卸给男人，而应该去理解他们、体谅他们。既然他们没有精力制造浪漫，那么你们就应该主动一些。方法很多，或是提醒他们，或是干脆你们自己制造，总之是不能将抱怨和牢骚挂在嘴边。

第四大误区：夫妻之间的沟通是多余的。

很多女士都有这样的错误认识，那就是夫妻之间的了解和沟通应该是在婚前的，婚后的夫妻只是生活而已，不需要沟通。其实，这种想法是大错特错的。事实上，夫妻之间婚后的沟通更加重要。很多事实都告诉我们，夫妻之间缺乏沟通是导致婚姻出现问题的罪魁祸首。

两性心理学专家瓦德尔·希勒克曾经说："很多夫妻都忽视了沟通的作用，把沟通看成是一件多余的事情。他们有自己的理由，认为双方经过从恋爱到结婚很多年的相处，已经非常了解对方了，因此根本不需要进行沟通。然而，经过调查发现，夫妻之间能够做到真正相互了解最少需要5年以上的时间，也就是说在这5年时间里，夫妻之间都是在不断地进行摸索。因此，我一直都强调，夫妻双方要经常沟通，一定要把彼此内心的真实感受告诉对方，这样才能使婚姻生活幸福美满。"

第五大误区：夫妻之间应该是透明的。

这一点也很重要。很多女士都认为，爱情是纯洁的，两个人既然组成了家庭，那就不应该存在任何目的。这种想法不应该说完全的错误，因为真诚是建立美满幸福婚姻的关键。然而，这些女士又忽略了另一点，那就是爱情也是自私的。有时候，善意的谎言对于保持夫妻之间的关系有着至关重要的作用。

伊丽莎白女士和庞德先生已经结婚两年了，两个人的关系一直非常好。伊丽莎白能够体会到，自己的丈夫确实是非常爱自己，于是她决定将自己隐藏多年的秘密告诉给丈夫。原来，在伊丽莎白还是个高中生的时候，曾经被别人强暴过。后来，伊丽莎白认识了庞德，因为害怕庞德嫌弃自己，所以一直没告诉他。

本来，伊丽莎白女士认为自己说出秘密一定会得到丈夫的理解，但是没想到，丈夫从那以后却开始疏远自己。事实上，庞德并不是怪伊丽莎白隐瞒自己被强暴的真相，而是怪她没有早一天把真相告诉自己。

在生活的小细节中体贴他

有一次，我到芝加哥去拜访我的老朋友萨巴兹。他是一名法官，曾经处理过4万宗和婚姻有关的案件，并曾经促使2000多对夫妇重归于好。因此，我的这位朋友完全可以算得上是婚姻关系方面的专家。于是，在闲谈间我问他，什么才是导致婚姻失败的罪魁祸首。他的回答让我大吃一惊，他说："戴尔，你可能会认为经济困难、性生活不和谐、性格不合等是导致婚姻失败的主要原因。是的，我承认，那些东西确实起到了很大的作用。然而，大多数夫妻之所以不能和睦的生活，主要原因就是他们忽视了生活中的小细节。举个小例子，如果妻子能够在丈夫早上出门的时候愉快地和他挥手说再见的话，那么芝加哥的离婚率将会降低很多。"

　　曾经有一对夫妻找到萨巴兹，说他们两个已经下定决心离婚了。于是，萨巴兹让他们坐下来，商讨一下有关离婚的条件。经过一阵讨论，这对夫妻惊讶地发现，原来他们彼此还很惦记和关心对方，因为在一些事情上，他们还是会考虑彼此之间的需要。这对夫妻终于明白，他们之间并不是没有了爱，而是因为爱被繁忙的工作和生活中的琐碎细节所淹没了。最后，这对夫妻都同意撤销离婚协议。这个事例足以证明，只要夫妻之间能从细节做起，那么一段看似支离破碎的婚姻是完全有恢复的可能的。

　　的确，在现实生活中有很多妻子并不太重视生活中的那些小的细节。在她们看来，只要把大方面处理好，就一定能够让家庭幸福快乐，至于小细节则不值一提。女士们忽略了一个问题，那就是一段婚姻实际上就是由成千上万件小细节组成的。试想一下，如果女士们忽略了所有的细节，那对于一个家庭来说将是多么可怕的灾难。美国《评论画报》上曾经有这样一篇文章，上面写道："对于任何一个美国家庭来说，注入新鲜事物都是很重要的。比方说，一个男人通常会把身体斜靠在沙发上，把跷着二郎腿欣赏体育节目的行为看成是一件很美妙的事情。然而，大多数妻子则认为这种行为是一种没有修养的、放肆的做法。"

　　女士们应该清楚，一段婚姻的本质就是一连串细节上的事情。如果妻子忽视了细节的作用，那么就一定会和自己的丈夫发生矛盾，就像阿迪娜·米勒所说："毁灭我们幸福美好时光的并不是已经失去的爱。实际上，正是生活中的小细节促使了爱的死亡。"如果女士们有时间的话，不妨多去婚姻法庭旁听。一段时间之后你们会发现，夫妻之间的感情往往都是被一些琐碎的小事毁掉了。

爱因斯坦一生中经历过两次婚姻。他的第一任妻子名叫米利娃。坦白说，米利娃也是个好姑娘，只不过是她更渴望从丈夫那里得到关爱。可是，既然她选择嫁给了爱因斯坦，那就必须把自己的位置摆在科学研究之后。于是，她开始对丈夫抱怨、不满、唠叨，当然更不会对爱因斯坦表示关心。最后，两个好强的人都到了忍无可忍的地步，只好选择了离婚。

后来，爱因斯坦又与爱丽莎结为夫妻，这可是位善解人意、体贴入微的妻子。她知道自己的丈夫需要搞科学研究，也明白丈夫需要她的关心和照顾。她从来不去干预丈夫的工作，总是默默地替丈夫搞好后勤，让丈夫能够安心搞研究。爱丽莎的举动让爱因斯坦感动异常，总是会尽量抽时间来陪她。正是这种互相体贴才使得他们两个都过得幸福、愉快。爱因斯坦曾经这样说过："以前我并不懂得应该在小事上体贴我的妻子，因为在我看来科学研究才是最重要的，那些小事都是女人应该做的。可是，我的爱丽莎通过行动让我明白，要想获得美满幸福的婚姻必须懂得互相体贴，而这种体贴要从小事入手。相对论是我发明的，但这里面却有爱丽莎一半的功劳。"

爱丽莎真是一个伟大的女性，因为她通过自己的努力不仅让丈夫获得了成功，而且还亲手营造了一个美满幸福的家庭。可能有些具有女权思想的女士会说："我不明白，我们为什么要忍受如此的折磨？这些努力没有报酬，荣誉永远都属于男人。"如果你们是这么想的，那么就大错特错了。试想一下，如果女士们无私地为丈夫奉献了自己的一切，那么丈夫怎么可能会不感谢你们。

实际上，在日常生活中最能让丈夫感到亲切和温暖的事，正是妻子在小方面所表现出的体贴。当你的丈夫在晚上拖着疲倦的身子回家的时候，你是否已经为他准备好洗澡用的热水？如果你的丈夫在公司被上司训斥了一顿，回到家显得心情非常烦躁的时候，你是否会默默地为他端上一杯热茶或是热咖啡？如果你做到了，那么你就已经成功了。如果你没做到，那么你就应该努力去做。

女士们可能会说："我一直都在按照你所说的去做，可是我的丈夫却并不领情。"的确，女士们是这样做了，可你们却是把自己定位成女佣或是咖啡馆服务员。你们会很不耐烦地问丈夫："我说，热水我早就已经准备好了，你怎么还不去洗？"或是"你要不要来杯茶？""快说你到底想喝什么茶？"……实际上，任何一个心情烦闷的人都不会有心思去回答你所提的问题的。

我的朋友胡瓦克·阿格斯是个非常幸运的男人，因为他有一个"十全十美"的妻子。他曾经和我说："我觉得现在我之所以会比很多男人生活得更加幸福，主要是因为我有一位体贴入微的妻子。我有很多话想对她说，但我最想说的是，如果再给我一次选择的机会，我仍然愿意选择她，当然前提是她依然肯嫁给我。应该说我是成功的，但我所取得的任何一点成功都是和我妻子密不可分的。"

没有爱情的婚姻是不幸福的，即使你拥有了金钱和权力。可是，如果作为妻子，你能够让你的丈夫在你细微体贴的爱情中获得自信和幸福感的话，那么你们的生活将会在精神境界上有很大幅度的提高。

女士们，要想让你的家庭保持快乐，那么就请记住这一原则：在生活的小细节中体贴他。

创造浪漫温馨的家庭氛围

美国《家庭与妇女》杂志曾经刊登过这样一篇文章，上面写道："作为妻子，你对整个家庭都起着很大的作用。不管是丈夫还是孩子，家庭意味着什么完全取决于你。虽然丈夫和孩子对家庭同样有义务，然而最关键的还是你，尤其是你是否能够给他们作出榜样，是否能给他们创造出浪漫温馨的家庭氛围。"

是的，几乎所有的男人都梦想着有这样的家庭：他们在外面忙碌地工作了一天，回到家后则可以轻松舒适地享受一番。每天早晨起来，他们可以有十足的干劲去迎接工作。男人们的事业与这种家庭氛围有着紧密的联系，而这种家庭氛围又与妻子们的认识有着直接的关系。

相信没有一个女士不希望自己的丈夫能够取得事业上的成功，因此女士们必须要给丈夫创造一个最有利的家庭环境，只有这样才能提高他们的工作效率。

创造浪漫温馨的家庭氛围的五个原则
- 将你们的家变成一个可以放松身体和精神的地方；
- 努力让你的家住起来比较舒适；
- 整洁是一项很重要的原则；
- 家庭气氛一定要祥和愉快；
- 让你和丈夫同时成为家庭的主人。

我们首先来看第一项原则。妻子们有时候很容易忽视这样一个问题，她们认为丈夫对工作充满了热情，因此不会感到紧张。事实上，不管男人多热爱自己的工作，工作总会或多或少地给他们带来紧张情绪。因此，男人们最渴望的事情是回到家以后可以放松这种紧张情绪，而并不是去承受另一种新的紧张。

对于女士们的一些做法，我是非常理解的。我知道，每一个家庭主妇都希望能够把家打理得井井有条，都希望能把自己的本职工作做好。可是，很多妻子往往没有想到"过犹不及"这个道理，正是因为她们的过分挑剔和严格，所以才使得丈夫不能在家得到很好的放松。

我以前有一位邻居，她就是一个对家庭要求十分严格的主妇。她每天都会把地板擦得很干净，所以不允许孩子带朋友到家里来玩，因为小孩子很可能会弄脏地板。同时，她为了保持家里空气清新，不允许丈夫在家里抽烟，因为那样会有烟味。更让人难以接受的是，就连家里的书刊和报纸她都要求必须丝毫不差地放回原处。天啊，女士们一定会认为我有个神经病邻居！可事实上，在生活中女士们的行为比这种情况严重得多。

女士们一定还记得《克拉克的妻子》这幕戏剧，在前几年它十分受欢迎，而且还获得了普利策奖。为什么这幕反映家庭生活的戏剧会如此成功？原因很简单，因为剧中那名挑剔的、爱干净的爱丽叶·克拉克女士在现实生活中很常见。爱丽叶·克拉克的干净简直到了让人无法忍受的地步，就连放错坐垫这种小事都会引起她的一阵怒吼。她不欢迎朋友，不允许别人把东西弄乱。对她来说，那位不拘小节的丈夫简直就是她的噩梦，因为他随时都有可能把整个完美的家庭环境破坏掉。

相信女士们对这种情况的认识一定不够深刻，因为这在你们看来是理所当然的事情。而在全美基督教家庭生活第20届年会上，一位精神学博士却是这样描述的："家庭里的妻子总是要求一尘不染，上帝，这简直就是美国文化中压迫最大的事情。"

丈夫总是有一些坏习惯，他们随手把烟头、报纸或是其他一些东西乱丢，把你精心收拾的成果毁于一旦。这个时候，妻子绝对不能选择沉默，必须站起来和那些捣蛋鬼大吵一架。不过，在女士们把"自私""愚蠢""笨蛋"这些词加在丈夫头上之前，你们最好这样想一想："什么叫家庭？它就是让人可以放松的地方。"

有了轻松的环境以后，舒适就成为了最重要的事情。几乎所有的家庭都是由妻子布置的，所以你们不应该忘记，男人最希望得到的家庭环境就是舒适。由于性别上的差异，很多女性认为非常有格调的东西却让男人们感到受不了。事实上，男人们对那些精美的小饰品、漂亮的小桌椅以及好看的纺织品根本不感兴趣，他们想要的不过是有一个地方放他们的烟灰缸和报纸。因此，女士们在布置家居环境之前，一定要首先了解究竟什么样的环境才是男人认为最舒服的。

我的私人医师名叫乔治·派克，他最近正在装修办公室，因为他把办公室看成家的一部分。有一次，我去诊所找他，发现在门口候诊的病人中，几乎所有的男士都用羡慕的眼光紧盯着他的办公室。其实里面的布置十分简单，不过是有一张较大的桌子、宽敞的沙发、一盏明亮的铜灯以及一幅笔直的窗帘。

我的另一位单身汉朋友罗克先生也十分懂得布置房间。由于工作的需要，他每年都要去很多不同的地方。看看他的房间吧！从刚果带来的木雕、从爪哇带回的手工染布以及东方带回来的象牙等，全都是他的旅行纪念品。如果他是一个结了婚的男人，妻子肯定不能忍受这些东西。然而，罗克先生却非常喜欢，因为它符合主人的趣味。

想必女士们一定明白了这些人为什么不愿意结婚，他们可不想被一个女人剥夺自己享受生活的权利。

的确，女士们在布置房间的时候往往会忽略男人的需要。举个例子来说，你们是否会想到该在什么地方摆放烟灰缸吗？没有，因为你们认为这是多余的。不过我太太认识到了。她一口气买回了好几个又便宜又好看的大玻璃烟灰缸，然后把他们放在楼上和楼下好几个地方。每当有客人来时，我们总会让他们使用这些东西。至于那些艺术品，我印象中好像从来没用过。

当女士们与丈夫发生矛盾时，是不是可以换一种角度思考。他的确是把报纸丢得满地都是，但那有可能是因为家里的茶几太小了，或是因为茶几上面堆满了东西。他不是不想把报纸收拾好，只是暂时找不到一个合适的地方。如果他把烟灰弹得到处都是，那么你就多给他买几个烟灰缸。如果他老是踩踏你的心爱的脚垫，那就把它换一个地方。至于说他的其他一些小东西，你完全可以给他找一个特定的位置存放，而不要将它们和一些没用的废物放在一起。

最后，我希望女士们能够记住：家务是必须要做的事情，但千万不要因为盲目而使家务失去真正的意义。作为妻子，你们做任何家务只有一个目的，那就是给丈夫创造一个浪漫温馨的家庭环境。

图书在版编目（CIP）数据

卡耐基写给女人的一生幸福忠告 /(美)戴尔·卡耐基著；达夫编译. —北京：中国华侨出版社, 2018.3（2018.9重印）

ISBN 978-7-5113-7527-8

Ⅰ.①卡… Ⅱ.①戴… ②达… Ⅲ.①女性—幸福—通俗读物 Ⅳ.①B82-49

中国版本图书馆CIP数据核字(2018)第031343号

卡耐基写给女人的一生幸福忠告

著　　者：[美]戴尔·卡耐基
编　　译：达　夫
责任编辑：泰　然
封面设计：施凌云
文字编辑：聂尊阳
美术编辑：武有菊
经　　销：新华书店
开　　本：880mm×1230mm　1/32　印张：8.5　字数：190千字
印　　刷：三河市吉祥印务有限公司
版　　次：2018年5月第1版　2021年1月第15次印刷
书　　号：ISBN 978-7-5113-7527-8
定　　价：36.00元

中国华侨出版社　北京市朝阳区西坝河东里77号楼底商5号　邮编：100028
法律顾问：陈鹰律师事务所
发 行 部：（010）88893001　　　传　　真：（010）62707370
网　　址：www.oveaschin.com　　E - m a i l：oveaschin@sina.com

如果发现印装质量问题，影响阅读，请与印刷厂联系调换。